见识

刘Sir◎著

为人生赋能

北京联合出版公司
Beijing United Publishing Co.,Ltd.

图书在版编目（CIP）数据

见识，为人生赋能 / 刘 Sir 著 . -- 北京 : 北京联合
出版公司 , 2019.4

ISBN 978-7-5596-2689-9

Ⅰ . ①见… Ⅱ . ①刘… Ⅲ . ①成功心理－通俗读物
Ⅳ . ① B848.4-49

中国版本图书馆 CIP 数据核字 (2018) 第 230419 号

见识，为人生赋能

著　　者：刘Sir
责任编辑：管　文

北京联合出版公司出版
（北京市西城区德外大街83号楼9层　100088 ）
北京联合天畅发行公司发行
北京美图印务有限公司印刷 新华书店经销
字数：120千字　710mm×1000mm　1/32　9印张
2019年4月第1版　2019年4月第1次印刷
ISBN 978-7-5596-2689-9
定价：49.80元

一个有见识有行动力的人，
成功是一件大概率的事件

（一）

从小到大，我都是一个喜欢折腾的人。

上初中的时候，看武侠小说、打架、逃学、离家出走，我的整个青春期都在折腾中度过。

那个时候，我什么都想做，什么都好奇，什么都敢做……除了学习。

没有人引导的年纪里，我最大的乐趣就是在热播的电视剧里看别人是怎么生活的。看到《古惑仔》里的打架，我就认为"义气"这两个字的标签应该贴在我身上，太酷了。当一个厉害的古惑仔，就是我在那个年纪追求的终极目标。

那时候的我真的认为，人生就应该像香港电影里一样，靠自己的双手拼出一条血路，轰轰烈烈、至死方休。

抱着这样的想法，我退学了。

遗憾的是，我没有当上大哥，而做小混混的日子并不像我想的那么美好。

但对于当时的我来说，我的认知，我的思考能力，我的见识，仅止于模仿。

我无法分析，香港电影里那份虚构的江湖气的由来，也无法描述九十年代广东族群那种以经商为荣的风气，这些都是《古惑仔》电影的基底。

原来它只是一个艺术品，但是我却信以为真。

我甚至天真地认为，这个世界总有一天会承认我的地位。

后来，父母不给我钱花了，我没办法继续在家里无聊地的待着，摆酷的心情很快就过去，我必须去姨父的建筑公司做水电安装工。

也即是在 16 岁生日的那天，我正式开始了我的农民工生涯。

我预感这种浑浑噩噩的生活不是我的人生目标，我要做更有价值的事情，我要更成功，就是在工地上混，我也要当包工头。

在工地上，我又看了另外一部电视剧。那是香港 TVB 在金融危机的时候，为了鼓舞士气拍的一部电视剧，名叫《创世纪》。这部剧令我看得热血沸腾，其中有两句经典台词，到现在还激励着我，一句是"成功就是要把不可能变成可能"，另一句是"万丈高楼平地起，基础一定要打牢"。

那时候的香港 TVB 剧，有着我在小县城看不到的高楼、汽车、精英生活以及纸醉金迷、灯红酒绿里的洋气。

他们让我知道，世界上有另外一群人，有着与普通人不一样的姿态和人生，过着我不知道但十分向往的生活。他们不怕失败，17 次创业 16 次失败，最后一次终于成功，实现了无烟城的梦想。

因为这部电视剧，我决定重新读书。因为从这部电视剧的主角叶荣添身上，我懵懵懂懂地知道了，只有获取更多的知识，才能见到更大的世界，实现更大的目标，驾驭更多的资源。

（二）

当我宣布我要继续读书的时候，家里人都认为我不过是在工地上干累了，所以想回到学校继续偷懒。

他们不明白我的心路历程，当然我也没有解释过，最后的结果会证明一切。

回到校园后，我已经比原来的同班同学低了两级，学习上的差距也已经不止一两年了。

我下决心要走出去，要考入大城市，见识这个世界更精彩的部分。

我用两个月的时间把初中三年落下的知识补了回来，再用两个月的时间，把高中三年的英语单词背完、三年的高中数学全部补完。算上补习班高四的时间，我等于两年连跳两级考上了大学。

在大学里，我延续了高中的学习习惯，如饥似渴地在图书馆里读经管书，自学了商学院本科和研究生的全部课程。

随着我懂的东西越来越多，我对自己的认知越来越深，脚下的路也越来越清晰。

我更加明白了一点——知识不是力量，有了智慧，知识才会通过影响我们的认知、学习能力而发生作用。

而这种智慧，不是凭空而来的，它是经历和见识叠加在一起的综合能力。

正如我毕业之后，卖过保险、做过房产中介、在互联网行业打过杂，最后才选取了最适合我，也是我打算为之努力和奋斗的职业。

我并不后悔以前所走的那些"弯路"。

如果不是这些"弯路"拓宽了我的视野，加强了我的认知，我就无法知道什么才是我真正想要的。

正是因为我此前在各个领域都见识过了，我才慢慢形成了自己的综合分析和判断能力，做出了真正适合我的选择。

（三）

记得吴军在他《见识》一书里曾说，二十年前自己的语音识别技术在国内还算不错，但是在一次国外的学术交流上，对比约翰·霍普金斯大学、麻省理工大学、卡耐基·梅隆大学的顶尖高手，才发现自己的那些东西根本不算什么。

后来吴军放弃了自己在国内的一切，到约翰·霍普金斯大学读博士，见识了许多世界级的计算机大师，和很多国内根本接触不到的技术。

吴军回忆那段经历时还感叹：如果没有那次学术回忆，我会一直觉得自己还蛮不错的，永远也不知道外面的天地有多大。

走进出版业之后，我的罗盘才最终在"内容"这个领域定了下来。我和吴军老师一样，人生再一次被新的见识拓展、延伸、加厚。

我从入门的小白一直做到了总经理，先后带领我的团队策划出版了《自控力》、《拆掉思维里的墙》、《人生不设限》、《罗辑思维》等超级畅销书……与李开复、时寒冰、宋鸿兵、陈志武、罗振宇、乐嘉等众多商业名家、知名 IP 深入合作。

别人都说，我的人生像开了挂一样，在知识内容的土壤里汲取养分、开花结果。

而这一切，都是从我励志要走向更广阔的天地才发生的。

26 岁做产品经理，29 岁当上总裁，33 岁融资千万开公司，曾经幻想过的情节，真的在我身上发生时，距离 16 岁暗下决心的时刻，已经整整过去了 18 年。

回顾这 18 年的苦乐得失，我很感激，如果我不是很早就见识到了更大的世界，也许我也会仅仅满足于当下的一点点成绩止步不前，而不是想往着更高、更美的风景进发。

（四）

事实上，超拔固有认知，跳出自身格局限制的人，总是那些心智开化得更早的人。

回顾这 18 年的苦乐得失，我深知认知和格局，在人生的时间轴上对自我发展的重要性。

那些在更早的时候，认识到的这个世界之外，还有更广阔的天地等着自己去发现，去探究，去学习的人，才更容易成功。

他们能迅速超越自己所处环境的限制，向这个世界最顶尖的人学习。

所谓的精进，就是打破自己眼界的限制，思维上不懒惰，一辈子都愿意向比自己更优秀的人学习，永远愿意了解新知识。

那些随波逐流，永远被环境驱动，生活给什么就要什么的人，慢慢地会被这个时代抛弃。

一个人，只有永远站在前沿，他才能对自己的领域具备深度的理解和把控能力，用更高的格局和和更长远的目光看待人生。

真正的勤奋，需要价值观来支撑。

这么多年，和很多优秀的人为伍，他们身上，大都有一个共同点，那就是始终不相信自己仅止于眼前的苟且，还有诗意的远方。

他们和我一样，热爱"折腾"。

因为我们始终在路上，始终在追梦。

我们期待能见到更多不一样的东西，不断更新现有的认知。

我深知，我学到的、看到的这些知识，虽然不能让你直接获得成功，但是却能帮你找到通往成功的路径。

为此，我和我的团队出版了这本《见识，为人生赋能》。

我希望做的事情，是给每个人铸造一把锄头，而不是提供一片荒芜的杂草地。我更希望这本书，能提供给大家高效链接世界、认识世界、拓展见识的路径，让每个读到它的人以后想起来，都会庆幸自己读了这本书。只有这样，方不辜负我们出版这本书的初衷。

刘 sir

2018 年 11 月 27 日

目录

03 成为人群中卓越的 5%

04 比拥有知识更重要的，是拥有见识

要么颠覆自己，要么被人颠覆

指数化时代，
如何才能跑得比别人更快

未来是指数型的，我们都需要不断进化才能生存，
比别人跑得更快才能成长。

在指数化时代迭代成长

最近，我有一个感受，前几年，自从小米崛起之后，"互联网思维"这个概念就火了，经常能听到。最近有一个新的名词日趋热门，大有取代"互联网思维"的趋势。这个词，就是"指数型组织"。在看财经方面的专栏文章，或者听人讲课的时候，很多人一定听过这个词。

"指数型组织"这个概念来自于同名图书。作者是美国奇点大学的创始执行董事、全球大使萨利姆·伊斯梅尔。

很多人可能不知道奇点大学。奇点大学是最近几年炙手可热的大学，由谷歌和美国宇航局合作开办，开设在加州硅谷，目的是培养未来科学家。一年只招80个人，申请的人数却高达3000+。要想进奇点大学，比哈佛还难。

在很多专家看来，未来企业的出路就在于转型成为指数型组织。在不远的未来，竞争力强的企业一定是指数型企业，如果想生存，就必须学习、改变、创新，自己颠覆自己，不然就等着被别人颠覆。

看起来，指数型组织是针对企业的。然而，看完了《指数型组织》这本书后，我觉得它也适用于个人。作为个人，我们应该具备指数型思维方式，从而实现个人的指数级发展。

这本书给我的启发很大，我也向很多人推荐过。书中很多案例，会带给人不一样的思维方式，值得每一个人读。尤其是创业的人，更应该仔细看一看。甚至有人断定，掌握了指数化思维，才能在这个爆炸式发展的社会里，实现个人的指数级成长。

当下的企业增长模式，基本可以分为两类。

一类是线性增长。

上世纪诞生的"世界500强"巨头公司，都是线性增长型企业的代表。他们的成长方式呈线性，积聚大量的资源和投入，通过长时间的积累，花费几十年甚至上百年，才能成为一家巨头企业。沃尔玛、丰田汽车、美孚石油、花旗银行等企业就是这种增长模式的代表。

另外一类则是指数级增长。

目前，有很多互联网企业，在短期内获得巨大成长。它们利用信息化技术，从零开始，在三年时间内，投入极少的资源，就能做到估值 10 亿美元甚至 100 亿美元以上。Airbnb、Uber、Facebook 就是这种增长模式的代表。

如果一家公司的利润是平稳增长的，从 1 到 2 到 3 到 4 到 5 到 6，那么它就是线性增长；若一家公司的利润增长越来越快，类似于指数，从 1 到 2 到 4 到 8 到 16 到 32，这样的增长就是指数级的增长。

明白了指数的概念，就可以理解指数型组织了。指数型组织，就是指那些利用信息技术、影响力等产出比同领域的其他公司获得超过 10 倍速度增长的公司。谷歌、爱彼迎、网飞、海尔、小米等公司就属于指数型组织。

在《指数型组织》这本书里，被作为案例来讨论的中国指数型组织有两家，一家是小米，一家是海尔。仔细看一下小米的数据，大概也就具体明白什么是指数型组织了。

2011 年 8 月，小米手机发布，从此开始了飞速发展。

2012 年，小米手机含税销售收入达 126 亿元；

2013 年，含税销售收入达 316 亿元，较 2012 年增长 150%；

2014 年，含税销售收入达 743 亿元，较 2013 年增长 135%。

短短三年，小米实现了从 0 到 700 多亿的体量，这种发展速度就是指数级的。所以，小米公司也可以被称为指数型组织。

指数型组织的概念其实相当宽泛，它不仅可用于商业组织（企业），也可用于科研组织甚至政府组织。它代表了一种思维方式，一种行为哲学。

其实，从人类社会的发展历程来看，第一次工业革命之后，整个社会就是一个大型的指数型组织，随着第二次工业革命和第三次工业革命的完成和成熟，这种增长速率越来越可怕。

现在站在了第四次工业革命的门槛上，接下来的 20 年，人类社会变革之剧烈，谁也无法预料。

萨利姆·伊斯梅尔有一个大胆的预测，40% 的 500 强公司将在十年内消失。这意味着，改变是必然的。无论你所在的公司是业界巨头，还是处于起步阶段的创业公司；无论你身在传统企业，还是新兴行业，我们都会站在一个全新的起点，都能够应用"指数型增长"原则来增强自己的优势，不断地展望未来、迎接挑战、把握机遇。

如果未来是指数型的，那么我们都需要进化才能生存。

作为个人，指数型组织对我们有什么启发？我们如何通过指数思维来获得个人的快速发展？

为自己赢得一个标签

指数型组织有一个共同点——他们都有一个崇高而热切的目

标。比如奇点大学的理想是"为10亿人带来积极的影响"。在《指数型组织》里，这个目标被称之为 "宏大变革目标"，它是指数型组织的最重要属性。足够鼓舞人心的目标，本身就是一种竞争优势，它会激励人们创造出自身的社区、群体和文化。小米就是用"为发烧而生"的口号，吸引了一大批忠诚米粉，建立了强大的社区和米粉文化。

组织需要目标，而个人则需要一个标签，以此来构建自己的竞争优势，从人群中脱颖而出，或者增加识别度，降低传播成本和难度。比如同道大叔等于"星座达人"，陈光标是"个人首善"，罗振宇等同于"罗辑思维"。Aiyawawa 一开始没有什么名气，但她坚持用"比我漂亮的都没我聪明，比我聪明的都没我漂亮"的标签行走江湖，久而久之，人们就记住了她。

作为个人，要么通过品性，要么通过某个特点，要么通过具有极大优势的专业技能，为自己在公司、业界乃至世界赢得一个标签。最终，通过口耳相传，放大和提升标签，建立起自己的个人品牌力。

信息让一切变快，所以你必须得更快

互联网时代，一切都在加速。在一个又一个行业里，产品和服务的开发周期在不断缩短。如今，产品的开发周期已经不再是用"月"或者"季度"来计算了，取而代之"小时"或者"天"计算。

领英创始人里德·霍夫曼有一句话："如果你的产品在发布时不会令你感到难堪，那么说明你发布的时机太晚了。"

2010年年底，小米用一个月的时间，发布了中国第一款聊天App——米聊。第一版发布后，雷军说："如果腾讯介入这个领域，那米聊就危险了。腾讯只给我们三个月的时间！"

然而，对手不会给你那么多时间。不到两个月，张小龙就推出了微信，通过腾讯的平台优势，迅速席卷市场。面对强劲的对手，米聊步步败退。

求新求快是腾讯的制胜法宝。2017年最成功的手游《王者荣耀》注册用户超过2亿，日流水超过1亿，也是以快制胜的代表。其实，《王者荣耀》的开发团队一开始并没有将游戏做到尽善尽美，而是一边发给玩家测试，一边进行完善、更新迭代。尽管这么做，早期的玩家会抱怨游戏品质，但因为调整速度快、效率高，开发团队很快就补上了之前的不足。这样一来，竞品根本跟不上他们的步伐，《王者荣耀》也就能一直保持领先优势。

所以，在高度复杂不确定的环境中，我们只能通过学习来降低不确定性，比对手做得更快更好，同时不断更新自己的认知，以应对飞速变化的世界。

要么颠覆自己，要么等别人将你毁灭

在《指数型组织》里，有一句话让我印象深刻："要么颠覆自己，要么等别人将你毁灭。"这句话适用于每一个市场、地区和产业。而且这种颠覆，往往来自于你最意想不到的方向。

在一百年前，竞争的主要驱动力是生产。在四十年前，市场营销成了主导。如今的移动互联网时代，好的产品能够自我推销。随着生产和市场营销日趋日常化，胜负的关键就在于创新的思维和理念了。如果你拥有了好的想法和理念，竞争的天平就会朝对方倾斜。正因为如此，如今的颠覆更多的来自于创业公司，而不是原有的成熟公司。

指数型组织几乎都是颠覆式创新者，他们不会套用既有从业者的游戏规则和行业传统做法。

360在进入杀毒软件市场时，市场基本被别的杀毒软件垄断了。怎么办呢？周鸿祎的办法是颠覆式的，他直接宣布杀毒软件免费，确定了通过广告来获利的游戏规则，直接击败了竞争对手，一统江湖。

安德玛也是通过颠覆规则实现逆袭的运动品牌。为了让产品拥有更佳的排汗功能，安德玛号称，坚持不使用会吸水的棉质材料，喊出了"棉是我们的敌人"的口号，让安德玛迅速在运动产品市场爆红。在代言人方面，他们的做法也很独特——一般的运动品牌都是找一线运动明星合作，而安德玛却选择了那些不被重用的球员。

既然规则已经改变，既然一切已经颠覆，那么，从现在开始，你不妨藐视规则，摆脱束缚，做一个脑洞大开的人。

不要相信专家，要相信数据

现在是一个扁平化的时代，人们可以通过社交网络，便捷地和任何一位专家取得联系，产生互动和交流。正因为如此，随之也打破了大家对专家的迷信。不知道从什么时候开始，"专家"已经成为一个贬义词。

按照常识，我们相信专业人士，信赖专家。然而，事实是，最好的发明或解决方案几乎都不是出自专家之手了，而是基本上来自那些非业内专家，却有着新鲜观念的人。

2012 年，一家基金会赞助了一场比赛，目标是开发一款算法，对学生的作文进行自动评分。最有趣的是，在胜利者当中，没有一个人在此前有过任何自然语言处理的经验。尽管如此，他们还是击败了那些拥有"数十年自然语言处理经验"头衔的专家。

这个结果，对人们的观念产生了巨大冲击。那么，如果专家值得质疑，我们该转而寻求谁的帮助呢？数据，只有数据才是值得信赖的。

大数据的价值和威力在不断凸显，当我们需要一些反馈和指引时，不妨从数据中获取信息，最终找到解决方案。

想太多不好，想太远更糟

一般来说，大公司都有战略部门，负责制订和发布五年计划。在多年前，制订长远的计划是十分必要的。然而，在指数型世界里，社会瞬息万变，僵硬的五年计划不仅无法提供有效的指引，而且还有可能产生负面作用。

2009 年年初，TEDx 的项目负责人劳拉·斯坦恩制定了五年计划，准备在五年内举办 2500 场活动。从当时来看，这个数字已经很惊人了。然而，五年后，实际举办的活动有多少场呢？8900 场。

指数级时代，谁都无法准确预测五年后的具体发展态势。未来的变化速度实在太快，超前思考很容易会产生错误的预期。所以，在指数型组织的世界里，目标胜于战略，执行胜于计划。

对于个人来说，对未来有目标是很重要的，但少做一些大而空的计划，尤其是一些太过长远又具体的计划。好的计划应该是能在时间的动态平衡中不断调适的，好的计划更需要专注、坚定、彻底地执行，只有这样才是应对指数化时代的最佳方式。

轻装上阵，"租赁"取代"拥有"过剩

现在是一个轻时代，公司和个人都可以让自己的资产变轻，用杠杆来成就自己。

在日常生活中，我们有必要建立这样一种思维方式，让你的工作和生活更轻松，而且更有效率。

我做过职业经理人，开过公司，对于这一点，颇有感触。做公司要轻，能不买的尽量不买，能租的一定要租，这样才能轻装上阵，减轻负担，将每一分钱花在刀刃上。

在日常生活中，我也是这么做的。比如说汽车，即便我买了车，但我买的是用途最大化的通用款，对于一些特殊场合的用车，我还是选择租赁。

事实上，当下共享经济的火爆，也证明了这一点。不管是设施、装备还是员工，很多人都倾向于租赁而非拥有。这也成了很多优秀公司的普遍做法。苹果公司租借富士康的生产线来制造自己的产品，阿里巴巴干脆将整个制造周期全部外包出去。

从某种意义上来说，这也是一个专业化分工的趋势在不断深化的过程，要求我们要越来越重视专注于自己真正有优势的领域。从一个大社会的效率角度来说，分工的细化意味着可享用服务的丰富与多样性，善于借用资源优势突出的人，不论是创业还是混职场，获得成功的可能性也就越来越大。

面对难题，不如猛攻一点，实行单点突破

有句老话说得好，伤其十指，不如断其一指。所以，与其面面俱到，不如专注于一个方面，做到极致。

一家企业要想获得飞速成长，最好从一个小而明确的方向入手。比如 Facebook 开始只专注于哈佛大学及周边的大学生点，点国内的快手 App 聚焦在 GIF 图片和短视频分享。在创业之初，将有限的资源集中在一点上，往往可以带来更大的成功。

品牌的传播也是如此，一定要找到消费者心智中的一个需求或者痛点。"小饿小困，喝点香飘飘""果冻就吃喜之郎"等，就是抓住一个特性一个品类；"唯品会，一家专门做特卖的网站"等，就是封杀其他品类。这些广告语，只用一句话就打动了消费者。

所以，告诉消费者产品的三个好处是毫无意义的，最简单有效的方式就是猛攻一个优势，直接击中消费者的心灵。比如红牛饮料，通过"困了累了，喝红牛"的广告词，一举成为了

功能性饮料的"头牌"。

　　当我们面对难题的时候，或者在思考创意的时候，不妨采用这个方法，实行单点突破，最终想出好的点子。

指数型思维

　　无论你身在传统企业，还是新兴行业，我们都站在一个全新的起点，都能够应用"指数型增长"原则来增强自己的优势，不断地展望未来、迎接挑战和把握机遇。

　　1. 为自己赢得一个标签

　　2. 不断更新自己的认知，以应对飞速变化的世界

　　3. 随着生产和市场营销日趋日常化，摆脱束缚，做一个脑洞大开的人

　　4. 大数据的价值和威力在不断凸显，不要相信专家，要相信数据

　　5. 目标胜于战略，执行胜于计划，少做一些大而空的计划

　　6. 能不买的尽量不买，能租的一定要租，让自己的资产变轻，将每一分钱花在刀刃上

　　7. 面对难题，不如猛攻一点，从一个小而明确的方向入手，直击消费者的心灵

重估你的财富模式

最近，朋友给我推荐了一本书。书名相当俗，叫《百万富翁快车道》。刚开始，我以为这本书就那么回事，不以为然。百万富翁？没搞错吧，有套房的基本都是富翁，这也能成为人生目标？结果，朋友直接把书寄到我。盛情难却，我就顺手翻了翻。文案挺唬人的，号称解开了致富之路的密钥，只要你学会变更车道，就能脱离朝九晚五的打工生活，缩短致富时间40年！没想到，一翻就停不下来了。原来，这本书是讲如何实现财富自由的。在美国，"百万富翁"只是一个概念而已，大可不必当真。

很多年前，我看过《富爸爸，穷爸爸》，那本书对我的影响很大。它教会了我不要为金钱而工作，要让钱为自己工作。毕竟，我的梦想是用商业改变世界。

实现财务自由，是很多人的梦想。然而，如何实现财务自由，很多人却并不清楚。《百万富翁快车道》的作者德马科，就是一名白手起家的富豪，现在是一名投资人。他在30多岁时就实现了财富自由。所以，这本书里还是有很多干货的。花几分钟时间了解这本书，或许你的收获会比读两年商学院课程还要多。一旦找到了属于你的财富快车道，财富自由自然指日可待。

最近几年，和朋友聊天时出现的一个高频词就是"财务自由"。如今，生存艰难，大家不管是月薪八千还是年薪百万，活得都很不容易。为了生活，很多人彼此算计，尔虞我诈、你死我活，做着自己不喜欢的事，慢慢变成了自己讨厌的样子。唯有实现财务自由，才能从中解脱。有了足够的钱，才能做自己喜欢的事，让自己爱的人过上好的生活。想环游世界就环游世界，有什么想法就直接去做，而不用在意是否会失败。

既然人人都想实现财务自由，那到底什么是财务自由呢？最近，网上有一个很热门的财务自由分级。因为每个人对财务自由的标准不一样，有的人有房有车就很满足了，有的人却想探索太空，所以财务自由可以分成九个级别或者阶段。

初段：菜场自由。在菜场里买菜的时候，随便买，不差钱。

二段：饭店自由。只要自己愿意，想去哪个饭店吃饭都可以。

三段：旅游自由。只要自己愿意，想去哪里旅游就去哪里，不用考虑钱的问题。

四段：汽车自由。喜欢什么车就买什么车。

五段：教育自由。只要自己愿意，学校随便选，不用考虑费用。可以是自己，也可以是子女。

六段：工作自由。想从事什么工作都可以，没有工作就给自己创造工作，不计较这个工作是否能赚钱。

七段：看病自由。只要能看好病，不计较医疗费的高低。

八段：房子自由。只要自己喜欢，房子可以全世界随便买。

九段：国籍自由。全球各个国家，只要自己喜欢，想成为哪个国家的公民都可以。

在我看来，所谓财务自由，分为两个部分，一个是有钱，有足够的钱；一个是自由。这两者缺一不可。有了自由，没钱，那就是流浪汉；有钱，不自由，没时间享受财富，和坐牢也没多大区别，比如马云，虽然有钱，但真的不自由，一年大部分的时间都是飞来飞去，和各种人见面，说各种场面话。他代表着阿里，整天要为几万员工负责，一句话都不能说错，也不能犯大的错误，压力相当大。

人生犹如围城，城里的人想出来，城外的人想进去。普通人羡慕马云有钱有地位，马云羡慕普通人有时间，能享受生活。

我们虽然成不了马云，但是做到一定程度的财务自由还是可以的。

那么，如何实现财务自由？

一直以来，我们受到的主流教育要求我们，好好学习，考高分，上好大学，找好的工作，努力工作赚钱，勤俭持家，然后你就能成为有钱人了。这种模式就是教育我们，要勤恳工作，努力赚钱，存钱理财，然后慢慢积累，等着时间的发酵，最后你就有钱了。

然而，在当下，这个方法显然是无效的。

2016年，平均月工资排名第一、第二的北京、上海都是6000+，排第三、第四的杭州、深圳才都只有5000+。然而，北京六环内的房价都已经突破6万了，其他几个一线城市也差不多。如果要在北京买一套过得去的房子，80平，包括税费装修费，需要500多万。就算你月薪2万，这已经算是工薪阶层的前10%了，攒够首付也是遥遥无期，实现财务自由像是虚无缥缈的梦。如果连住房的问题都解决不了，还谈什么财务自由呢？

有人可能说了，我在二三四线城市，房子没那么贵，但是，你的工资也没那么高啊。总体来说，工资高的地方，房价越高，赚钱也更容易；房价相对低的地方，工资不高，赚钱相对也难一点。

既然前路如此坎坷迷茫，那么，如何打开局面？还有没有出路？

《百万富翁快车道》这本书的观点和方法很有现实意义。这本书的作者德马科致富的经历也很有意思。

德马科的人生梦想起源于一辆兰博基尼。有一天，他在大街上看见一辆兰博基尼，内心很羡慕，就问了车主一个很傻的问题："你是怎么致富的？"兰博基尼车主回答："我是一个发明家！"

说完后，开车扬长而去。

从此之后，德马科开始研究各种财富书籍，研究很多富翁的发家史，尝试了很多生意，但都失败了。直到一个暴风雪的前夜，他觉得自己必须改变，不能再这样下去了。于是，他从芝加哥搬到凤凰城又搬到亚利桑那，然后窝在公寓里自学编程，做了一个豪车租赁网站。在 2001 年网络泡沫的前夕，他卖掉网站，赚到了 120 万美金。泡沫结束后，德马科又以 25 万美金把网站收回，又倒腾几年后，以 1200 万美金卖出。后来，通过几次漂亮的操作，他完成了原始积累，摇身一变，成了一名投资人。然后，他开始写书，总结自己的致富经验。

在这本书里，德马科将人们获取财富的方式分为了三种。

第一种是人行道。大多数人都选择了走人行道。这类人的特点就是及时行乐，今朝有酒今朝醉，大多数都是月光族；财富 = 收入 + 债务，没有财务规划。人行道的终点，多半是贫困。

第二种是慢车道。如果说人行道是享受当下，牺牲未来，那么慢车道是牺牲当下，享受未来（其实，未必能享受得到）。这种方式多见于上班族，他们勤勤恳恳工作，对每一分钱都精打细算，对未来有规划，也有一些理财渠道，但主要收入基本都来源于工资、奖金。慢车道的终点，一般是中产，极少数运气好的人会成为有钱人。

第三种是快车道。这种方式多见于创业者或者自由职业，这一类人都是掌控自己，努力工作，专注于提升自我价值以及为他人创造价值。这类人也许当下并不富有，但他们都拥有几年内变得富有的潜力。快车道的终点，往往是富有，或者财务自由。

你现在处于哪条道上？

对于人行道，这个很好理解，无须解释。但是，对于慢车道和快车道，有一定的区别。

第一，财富公式不一样，也就是说，获得的方式不一样。

慢车道的财富公式：财富 = 工作薪水 + 理财收益

这两个因素都特别依赖时间，也特别受限于时间，而且无法控制。

从本质上来说，工作就是用时间换金钱。然而，一个人一辈子的工作时间是有限的，一般不会超过 50 年，也不能 24 小时一直工作。而且，裁员、经济危机、涨工资的快慢等不可抗力因素，也是无法控制的。

主流理财书都在强调神奇的复利收益，今年的一万块钱，如果每年能有 15% 的收益，那么经过 40 年的积累，就可以变成 250 万！

但书里没有告诉你的是，连续 40 年的高收益是不可能的！况且，40 年后货币贬值的情况也无法预料，或许你也活不了那么久。

所以，复利是不靠谱的。因为它赖以生存的两大要素：时间和年收益，都是无法控制的。

快车道的财富公式：财富 = 净收益 + 资产价值

华尔街有句话说得好，金钱永不眠。人不能天天24小时工作，但是钱可以。所以，让钱帮你赚钱，是最佳的财富增值方式。比如股份、品牌、债券、基金、投资、知识产权、商业模式、不动产等等。正因为财富都转化成了资本，所以很多富豪手里基本是没有现金的。

第二，时间的快慢。

慢车道也可能实现财务自由，但通过勤恳工作，最终成为顶尖职业经理，从而实现财务自由的人，那时候多半已经年纪不小了。这个过程往往至少要花费二三十年的时间。而且，能坐到这个位置的人也极少。然而，处在快车道的人，做到这些的时间往往只要5到10年。

第三，抵抗风险的能力。

当你在一家世界500强公司工作，工作体面，收入丰厚，自我感觉良好，然而这却是一种慢车道模式。如果你只打算通过这种方式奔向富裕，那么本身就是不稳固的，它取决于时间，不可控因素太多。要么你只有年老后才能享受生活，要么疾病、失业、经济危机等随便一个原因，就可以打碎你的美梦。所以，要通过慢车道走向财务自由，这种模式是注定失败的。然而，当你处于快车道模式时，因为投资可以帮你赚钱，你的投资方式又灵活多变，所以你的抗风险能力很强，疾病、经济形势不好等风险对你造成不了多大的影响，你大可以在忙碌的间隙享受人生，然后继续追逐梦想。

第四，慢车道只是一份工作，而快车道是一个生钱系统。

慢车道是通过日常工作——也就是"搬砖"来获得财富。快车道的关键是要为自己建立一个生钱系统，让这个系统帮你挣钱，而不是自己亲力亲为去赚钱。比如你可以投入大量的时间精力在发明一个专利上，虽然前期投入多，但是后期你会得到长期的专利收入。可以说，慢车道的核心是工作，快车道的核心是生意。

所以，是时候转变思维方式，将自己的人生道路切换到快车道了。只有这样，你才能改变你的财富模式，踏上财务自由之路。那么，应该从何入手呢？

将视角从消费者切换到创造者

我们只要生活在这个世界，就需要消费。所以，大多数人生来就扮演着消费者的角色，只有少部分人扮演创造者，他们提供、推动和生产消费品。所以，如果你想从慢车道切换到快车道，就需要你从一个消费者转变为创造者。

首先，转变视角来看待这个世界。比如不要只想着淘金，而是考虑如何卖铁锹；不再只是一门心思去上课，而是设法成为老师，可以教授他人；不要只是为了消费去借钱，而要为了赚钱去放贷。用创造者的视角看待世界，去看消费者需要什么——消费者是需要被满足的人，而创造者是思考和提供消费品的人。

当然，富人也会消费，只不过他们往往会先做一个创造者，然后再做一个消费者。但是大多数人本末倒置，只看到了消费。

如何做一个创造者呢？要做到这一点并不容易。你需要做一个创业者、一个创新家、一个阳光的人……你需要创造一门生意，发现需求，为社会提供价值。只有这样，你才能不断从中获取利益，最终成为一个富人。

给自己的人生做乘法

慢车道的人生，虽然稳定且扎实，却一眼望不到头，看不到希望，很难坚持到底，而且充满变数。我们期待着未来，但最渴望的是可预见的未来。要做到这一点，德马科的建议是给自己的人生做乘法。

如果你一直做着所谓的稳定工作，拿的是计件或者计时的工资，那么你永远在做加法。今年存 10 万，明年存 10 万，这样的人生何处是头？

而快车道的收益，一般是按百分比来体现和计算的，做的是乘法。即使你的单笔投资每年仅增长 8%，但十年之后，你的收益率就是 116%。而且，越到后面，收益率越高。

因此，即便是工作，你也一定要给自己做乘法。

管理层为什么比基层工资高？因为有能力的人，他管理十个人、上百人甚至上万人都是一样的，管钱也是同理，这种生产力的释放是计时、计件的工作永远比不上的，一台机器抵得过一百个熟练工人，而且它还不用休息。

所以，当钱生钱的速度超过了人赚钱的速度时，说明你已经进入了快车道。

重新评估时间的价值

如果你找准了快车道，想要沿着快车道一路前行的话，时间就是你的燃料。但，它是有限的。曾经获得诺贝尔文学奖提名的超现实主义诗人洛夫说过这样一句话："我们唯一的敌人是时间，还来不及做完一场梦，生命的周期又到了。一缕青烟，升起于虚空之中，又无声无息地，消散于更大的寂灭。"

德马科无法理解，很多美国人为了领价值几美元的免费鸡块，宁愿排队几小时。难道他们的时间只值几美元吗？

在德马科看来，一个人最大的资产是时间，而不是钱。人生 = 契约时间 + 自由时间。

契约时间，是指花在赚钱上的时间，以及在不得不完成的事情上花费的时间，比如吃饭、睡觉、工作等等；自由时间，是指花在喜欢的事情上面的时间。

钱可以换来自由时间，减少契约时间。如果你能从契约时间手里慢慢偷出自由时间，人生就可以拥有更多的乐趣，比如翘课去玩游戏，自然是很愉快的。

契约时间最大的来源是寄生债务。像一辆新的豪华轿车，一个新的镜头，一个奢侈品包，都属于寄生债务，在你没有实力消费它们的时候，购买它们会给你带来经济负担，导致你不得不赚钱，失去选择的自由，并耗尽自由时间。

所以，时间很宝贵，要好好使用，不要浪费它。不要觉得时间很多，要用看电视剧、刷朋友圈来打发；也不要为了占小便宜，把时间不当回事，随随便便就去排几个小时的队。千万不要觉得你的时间免费到需要想办法随意消遣，好让它快速翻篇。你的时间是有限的而且在不断减少，记住这一点，你才能够具备进入快车道的资格。

原始积累的意义

财富圈有一个很流行的概念，叫"被动收入"，就是你不工作也能产生的收入。如果你的"被动收入"超过了你的生活所需，那你就可以不用工作了。

在书里，德马科提出了"发财树"的概念，能产生"被动收入"的生意，都可以称为"发财树"。"发财树"是一个生意系统，是快车道的主道。

钱本身就是很好的"发财树"，因为钱是最容易产生被动收入的东西。把钱存在银行，或者购买理财产品，就可以源源不断地产生收益，完全不用管它，而生意多少还需要一点时间去打理。德马科举例说到，他的互联网租车生意，虽然是一棵不错的"发财树"，但是他每周还是得为此工作几个小时，所以这个生意的被动指数是 85%；而他放在银行的存款，完全不需要他做什么就能赚钱，所以被动指数是 99.5%。

这里涉及到一个收益率与被动指数的平衡问题。

事实上没有被动指数百分百的收入，哪怕是银行存款也需要你做存和取的动作，也需要你比较银行间的存取款利率，何况被动指数高的收入很可能收益率会低。所以，当你通过每周花几个小时工作来提高收益率，抵消掉了被动指数下降的影响，也是很划算的一件事。

德马科认为，钱生钱的关键有两点：年利率和钱的总额。

如果钱太少，你不可能发财，因为你的基数太小了！就算你能获得每年 100% 的收益率，可你只有 1 分钱，想要变成 500 万，就要花 30 年。而如果你现在有 8 万，变成 500 万只需要 7 年。在财富游戏里，基数最关键。否则，复利完全玩不动。

所以，你最好尽快完成原始积累，基数越大，你就拥有越好的"发财树"。

很多朋友会问，怎么完成原始积累呢？首先，钱不是唯一的，也不一定是对你来说最好的"发财树"。其次，每个人有每个人的道，方式自然多种多样。有的可以通过自己的能力提升发展为一个好的职业人，从有一技之长、管理自己，到带大小团队，最后管理公司。

这个时候，你在某一个领域的能力就是你的原始积累，也是你的"发财树"。你做一家有想象力的公司，做好一个教练型领导者的角色，就好比洒下一颗种子，如果能好好浇水、除枝，让它自然生长，自然进化，那么它就是你的"发财树"。事实上现在很多伟大的企业家，就是通过这种方式实现财务自由的。

分清楚投资和开支

慢车道上的人，总是喜欢买一些贬值的资产，比如汽车、电子产品、手表、奢侈品、时装、包包等，很多中产阶级都是如此；而快车道上的人，往往会把钱用于买升值的资产，比如股份、专利、商业模式、现金流。

朋友圈曾经有一篇文章特别火，阅读量近一千万，直接给一个两万粉丝的小号增粉二十万。这篇文章是《对不起，爸爸妈妈给不了你 800 万的学区房》。

这篇文章的内容其实没什么特别的，主要讲的是一对年轻夫妻，给自己五岁的孩子写了一封信，信里主要说，这对夫妻没有让自己的孩子上 3 万的早教班，也没给自己的孩子上 8 万的双语幼儿园，孩子上小学了也买不起 800 万的学区房……但他们愿意辞去工作，带孩子一起去"环游世界"。

很多人被这样的鸡汤灌晕了头，纷纷转发。在我看来，这篇文章犯了一个基本错误，在个人和家庭财务方面，一个人要有的基本常识，是学会分清什么是开支，什么是投资。

要知道，买房是一种投资，属于快车道，而旅游是一种开支，属于慢车道。

所以，要想切换到快车道，就要学会适度控制即刻消费的需求，减少贬值的消费。不要总买无用的东西，就可以避免浪费。当你考虑买东西的时候，有必要考虑清楚是否真的需要，六个月以后是否还用得上。

唯有如此，才能减少资金浪费，将钱用在刀刃上，让钱保值增值。

尽量自己开公司

德马科认为，所谓财务自由，就是拥有一棵自己会开花结果的树，它能够自己产生收益，而且完全由自己掌控。

最初，德马科帮别人做网站，三天挣一千美元的时候，并没有为此开心，他知道这不是财务自由，虽然赚钱，但需要付出大量的时间。后来，他重新接管网站，开展业务，发现不管自己是一天只工作一小时，还是在拉斯维加斯潇洒，或者生病卧床，公司都可以自行运转产生利润，这才叫财务自由。

所以，要驶入快车道，最好的方式，就是为自己工作。美国有一个调查，80%的富翁要么是自己开公司，要么是在一个成长性高的公司担任职务。

对于很多人来说，工作是一件能够给人带来安全感的东西，但在德马科看来，工作只是一份卖身协议，有六个劣势：

1. 工作是用时间换金钱，有工作才有收入，一失业就断炊了，而且收入不足够养老

2. 工作会让你变成流水线上的一颗螺丝钉，沦为一件工具，长年累月，只是在不断重复前面的经验

3. 工作就是赌博，你永远不知道公司什么时候会裁掉你

4. 办公室斗争无处不在，让人心力交瘁

5. 扣完税后，你可以支配的工资并不多

6. 收入固定，上限不高，而且都是别人给你数字，你只有接受的份儿

所以，德马科甚至提出了这样的建议：如果你想脱离慢车道，奔去快车道，最好丢弃工作。对于这一点，我们有必要辩证且慎重地看待。毕竟要自己创业，并非一件容易的事情，需要一定的基础和积淀才可以，包括团队、商业模式、资源、资金等等多方位的积累。

在这里，提供两个建议：第一，风起时，猪都能飞，找准行业非常重要。第二，不要仓促创业，创业是个重大的决定。不要轻易决定，否则你很可能只是满足了自己的业余爱好，累残了却赚不了多少钱。处于一个互联网链接一切的时代，人的活力与价值得到激发，人才的重要性在商业世界当中越发受重视，期权、股权激励也成为商业世界越来越受认可的常规激励模式。

当下的中国，很多成功的创业公司，不论阿里、腾讯、百度还是其他创业公司，成就的富豪不计其数，这些优秀的公司能够让一批人实现财务自由。不是每个人都适合自己开公司，一个伟大的公司也不是靠一己之力成就的，需要团队和更多人的合作。正确评估自己的能力，如果你觉得你适合做头狼，就做创始人；如果你适合做创业的跟随者，就选择一个有前景的领域，跟上有潜力的头狼，成功了，你也可以实现财务自由。

在这个世界上，必然存在着一条通往财务自由的隐秘道路，让你可以在精力充沛的青年时代收获财富，而不必等到风烛残年。这条路，终点是风光的，但过程却是艰辛的，不会一帆风顺，没有捷径。要想成为人群中的1%，湖南人有句话说得有理：吃得苦、耐得烦、霸得蛮。在《少有人走的路》里有一个观点，也是这本书的核心观点：人生本来充满困难，只不过有些人选择承受面对困难所带来的痛苦，有些人选择承受逃避困难带来的痛苦。当你深处生活的漩涡痛苦不已、不能自拔的时候，你应该意识到，这只不过是你选择了随波逐流、人云亦云的生活带来的痛苦而已，人世间没有哪条路是绝对的坦途。

最后，愿每一个渴望自由的人都能够顺利通往属于自己的自由、自在之路。

财富思维

实现财务自由，是很多人的梦想。然而，如何实现财务自由，很多人却并不清楚。

1. 将视角从消费者切换到创造者

2. 即使是工作，也给自己的人生做乘法

3. 减少契约时间，偷出自由时间，重新评估时间的价值

4. 尽快完成原始积累，基数越大，你就拥有越好的"发财树"

5. 分清楚投资和开支，不要总买无用的东西，避免浪费

6. 尽量自己开公司，为自己工作

你如此努力，为什么还这么焦虑

我们这一代人，也许是最凄惨的一群人。小时候在题海中度过，分数就是我们的命根，否则人生就没有出路；长大了以后，我们一边拼命赚钱，努力追赶疯涨的房价，一边还要面对世俗的压力，成为人群中的前 5%，否则就很难挺直腰杆。

于是，焦虑成为了常态。往往越努力，就越焦虑。据调查，在青年白领群体中，有 34% 的人经常焦虑，62.9% 的人偶尔焦虑，只有 0.8% 的人从来没有焦虑过。

有人说，所有的问题都是钱的问题，只要钱足够，就不会焦虑。我承认，钱确实可以解决绝大部分的问题，但却解决不了所有的问题。

最近网络流行一句话：何以解忧？唯有拆迁。

北京盛产拆迁户，我以前的房东就是其中一个。通过拆迁，她分了四五套房子，加上自己原有的房子，总共有八九套了，有几套还在三环内。

我累死累活地工作，经常通宵加班，交完房租之后，往往就没剩多少钱了。我无比羡慕房东。多少北漂累死累活一辈子，也未必能达到她那样的高度。我想，若是自己有这么多房子，就可以天天睡到自然醒，全世界到处旅游。

但是，拥有很多钱的房东也焦虑。儿子念书不行，高中毕业后，整天和一帮狐朋狗友鬼混，她担心他不学好；她也担心老公有钱了，会不会变坏，她有她的苦恼。在拆迁户的阶层里，她最多只能算个普通人。她的哥哥，因为院子比她的大，多分了好几套房。她心里一直愤愤不平，也后悔自己当初怎么没有多盖，这样还能再多分几套房。

所以，人比人，气死人。似乎没有一种人生是完美的，总会有缺憾。各有各的难处，各有各的焦虑。既然怎么都焦虑，那么，我们应该如何对待焦虑？

罗尔·克肖是美国一位有着三十多年治疗经验的心理学家，一直专注于研究焦虑，对于控制焦虑有着独到的理解。他的反焦虑思维，能够帮助我们克制无处不在的焦虑，帮助我们获得全新的自己，安全、自控、自在地生活。

一说到焦虑，有人就会劝你，人生其实只有两件事称得上大事，一是生，二是死，生死之外的事，都是小事，大可以看淡一些。人生，最重要的是简单；做人，最重要的是开心。这样一想，你还焦虑什么呢？

然而，我们正值壮年，正是积极进取，为自己闯出一片天的时候，不能在应该奋斗的年龄选择安逸，也不要用碌碌无为来安慰自己的平凡可贵。

其实，焦虑代表着一个人不安于现状，想做得更好。所以，我们不能不努力，也不能不焦虑。但是，过度的焦虑也不好，它会夺走我们的快乐，让我们失眠、痛苦，身体亚健康甚至患上抑郁症，严重影响我们的生活和工作。

那么，我们为什么会有焦虑？焦虑又从哪而来呢？

科学家经过长期的研究，从生理的角度入手，发现了焦虑的起源。

几百万年前，当人类的祖先还是猿猴的时候，生存环境非常恶劣，天灾、疾病、毒蛇猛兽甚至一些植物，随随便便就能取人性命。

这时候，人类的大脑开始发挥作用了。它开始评估威胁，根据不同的情况设置不同的唤醒水平。只有这样，才能更好地保护自己，同时节省精力。

在天气良好，有人放哨的情况下，大脑的唤醒水平最低，处于放松状态，可以安心休息，思考问题；

走在平原上，碰到一头大象，大脑这时候会处于较高的唤醒水平，处于警戒状态，注意与大象保持距离。当然，一般情况下，大象不会攻击其他动物，发情期的大象除外；

如果在野外打猎，遇见一头狮子，这时候大脑就会处于最高的唤醒水平，精神也处于最紧张的状态，随时要做出反应。此时，一个走神，就很可能丧命。

在这种环境下，只有保持高度紧张、时刻警惕周围一草一木的猿猴，才能生存下来。那些大大咧咧、认为开心最重要的猿猴早就死了，他们的基因也无法继续流传。在漫长的进化过程中，能够活下来并繁衍后代的，都是一些机敏、有危机意识、能够应对各种变化的"杞人忧天"者。也就是说，焦虑通过这种方式，成为了人类的基因，并一代代流传下来。在古代，"居安思危"就是我们老祖宗的人生宗旨。

然而，在现代社会，人类的生存条件得到了极大的改善，遭受人身威胁的可能性极低，但我们依旧保留着焦虑的本能。生活在这个竞争激烈的世界，巨大的生存和发展压力，激起了我们最原始的恐惧，迫使我们变得焦虑，以应对各种越来越快的变化。

当我们长期生活在高度戒备之中，大脑就会持续处于紧张和焦虑的状态，处于高唤醒水平中。因为，在面对各种状况的时候，大脑的运转机制就是先焦虑，然后再思考。然而，当你在并不是很危险的状况里，过度"唤醒"神经，将你困在担忧和不确定里，一直处于焦虑状态，你的神经系统就会紊乱和失常，你的反应会变得缓慢。最终，你可能心力交瘁，信心丧失，情感麻木，健康受损，众多努力毁于一旦。很多时候，可能我们越努力，就变得越焦虑。

这个发现，告诉了我们两件事情：第一，焦虑深植于我们的基因之中，无法避免；第二，焦虑是正常现象，不必特意克服，这是天性。毕竟，不焦虑的生物都已经退出基因库了。

所以，你越是担心生活的冲击，就越会感到恐惧和焦虑。为了打破焦虑的恶性循环，你必须要做出改变。

焦虑不可能杜绝，但能安置在可控的区间内

诺贝尔经济学奖丹尼尔·卡尼曼在他的畅销书《思考,快与慢》中举过一个例子。

被闪电击中与食物中毒，哪一个意外致死率高？

很多人觉得，闪电只会偶尔发生在春天和夏天，被雷电击中的概率和中彩票差不多。而我们每天都要吃饭，食物中毒的新闻也经常看到。所以，大部分人的回答是，食物中毒的致死率高。然而，真实的数据统计结果显示，被闪电击中致死的概率是食物中毒的 52 倍。

丹尼尔·卡尼曼通过举这个例子说明，我们脑海中的世界并

不是真实世界的准确反映，我们对事件发生频率的估算，也会受到直觉、喜好等多种因素的影响。简而言之，我们喜欢什么，就只能看到什么。

我们关注努力，就只能看到与努力有关的事情；我们关注成功，就只能看到与成功有关的事情。当我们的眼里只有努力和成功的时候，自然会焦虑。焦虑感是每个人在成长过程中无法避免的经历。我们无法摆脱焦虑，但我们可以学会与自己的焦虑共存，将它们控制在一个可控的范围内。

管理好自己的预期，设定两个期望值

从心理学角度来说，焦虑往往来自于两个方面。

一方面是高期望，我们渴望财富，渴望成功，渴望被认可，渴望拥有美貌，渴望出人头地；同时，我们又很害怕失去，我们担心失去健康，担心失去亲人朋友，害怕衰老，害怕失败，也害怕孤独。

生活中的痛苦和焦虑，大多数来自于过高的期望值，恐惧失去，同时对于失去的东西无法释怀。如果你期望太高，喜欢和最强的人比较，自然就容易受挫，长此以往，就会焦虑。你应该学着管理自己的预期，试着降低期待，设定两个目标期望值：一个高目标，一个低目标。你会发现，事情变得不一样了。

比如看书，如果你非要计划一天看完，那么就会给自己很大的压力；如果你给自己设置一个低目标——看完一半，那么肯定是可以完成的。如果真的能看完整本书，那就算是意外惊喜了。

设置过高的目标，往往很容易得到失望；而设置相对容易达成的低目标，则往往会收获惊喜。

如果你总是担心失去，就会活得惶恐不安。要知道人生不如意十之八九，生老病死爱别离等等，都是我们无法控制的。失败、衰老、孤独、亲朋去世、失业、背叛，这些都是人生必须经历的一课，坦然面对和接受它们，我们才能获得成长。

从小，我就喜欢热闹，害怕孤独。以前总是喜欢和一群哥们儿在一起，后来意识到，孤独和平淡才是人生的常态，开始尝试着接受现实。

所以，在生活中，我们可以通过设置两档甚至多档目标的方法，来合理管理期望值。做最坏的打算，尽最大的努力，持平和的心态，改变能改变的，接受已成事实的。如此，才能平心静气，不那么焦虑。

练习专注做好一件事情的能力

美国心理学会研究表明：人在专心致志地做一件事情的时候，

愉悦感胜过做任何事情带来的愉悦程度。所以，专心致志地做一件事情，是缓解焦虑的有效方法。

生活中，相信很多人都有过这样的体验。当你沉迷于一本小说的时候，你会进入一种忘我的状态，精神愉悦，忘掉一切烦恼，仿佛世界上只有你一个人。

所以，要缓解焦虑，不妨让自己进入一种专注的状态。专注会让人放松。在感到焦虑的时候，我会选择去打台球，因为只有在打球的时候，思维是专注的，我内心只有一件事，就是把球打进网袋。

当然，你不一定也要打台球，你可以听音乐，可以画画，只要是让你感到放松的事情，只要是能够让你专注投入的事情，你都可以去尝试。

我们生活中不可或缺的"深度放松"

前面提到，焦虑来源于基因，属于生理因素。解铃还须系铃人，要控制焦虑，还得从生理的角度入手。

20世纪80年代，科学家们发现，当人们漂浮在隔音的、水温为皮肤温度的盐水池子里，听着冥想音乐的时候，人的体重就会减轻，风湿性关节炎疼痛可以得到缓解，同时焦虑感也会消失，幸福感会增强。最重要的是，这些令人震惊的变化在漂浮结束后的很长一段时间还能持续。

为什么会有这么神奇的效果呢?

人的脑电波一般有四种,分别是阿尔法波、贝塔波、德尔塔波和西塔波,个它们一起构成了脑电图。脑电波复杂的原理,不多做诉述,总之,浅睡眠和深度睡眠的状态都跟脑电波有着密切的关系。

当人漂浮在浮力池里处于完全放松的状态时,可以修复我们的大脑、思维和身体。大脑会释放出一种叫内源性大麻素的化学物质,让你自动放下焦虑,卸下精神包袱,忘却那些一直困扰你的思想和记忆。这时候,恐惧消散了,焦虑平息了,你更有能力来承受生活的磨难,内心也会变得安静平和。

当我们的思维进入到一个极度安静的空间时,能帮助你建立更多的神经连接,极大地提高创造力。在科学界,这种情况被称为"通往记忆与学习的闸门"。

发明家爱迪生就经常坐在椅子上,手握钢球,进行深度放松。当钢球从手里面坠落的时候,他就会起身,将他的想法记下来。他的一千多个发明,有很多就是来自于这样的深度放松时刻。

当人们进入这种状态时,人的意识中断,身体放松,达到一种高层次的精神状态,也就是我们常听到的"入定状态"。所以,要缓解焦虑,就要深度放松自己,而进入这种状态的最佳方式,无疑就是冥想了。

在生活的间隙，我们可以试着少玩手机，找一个舒适而安静的地方，笔直地坐着，什么也不想，闭上眼睛，放空大脑，安静、缓慢地呼吸，开始冥想。

在 5 ~ 10 周的时间里，如果你能每周四天，每天花上 20 分钟的时间进行深度放松练习，这种效果是递增的，慢慢地，你的焦虑就会得到极大的缓解。

另外，在冥想之外，如果每周能运动两三次，也能有助于缓解焦虑和压力。运动可以稳定情绪，使你的身心都感觉愉悦。在心态平静和消除焦虑的功能上，运动也比抗抑郁药更有效。

心智游移，开启更多可能

很多人的焦虑，往往来自于做决定。他们担心无法做出正确的选择，找不到最佳解决方案。若要缓解这种焦虑，可以尝试"心智游移"。当然，也可以称之为"开小差"。

这个方法之所以有效，是由脑波的运作原理决定的。

心智游移的方法是美国心理学之父威廉·詹姆斯创造的，叫"无思"。它与"心流"有类似之处，却有区别。在这种状态之下，你可以忘记自我、忘记时间、不用刻意就能实现与诸多事物的超强链接。

每个人都可以尝试尝试"心智游移"。

首先，你要确定一个目标，不考虑结果，让所有可以帮你实现目标的想法冒出来，然后不加分析地把它们记下来，即使它们看上去很荒谬，给点时间，让它们在大脑里慢慢酝酿，看看它们是不是最佳的解决方法。这个练习的关键不是要实现目标，而是激发创造性思维。

事实上，历史上的几位科学家都是用这种方法打开了思想的大门。爱因斯坦进行过这样的思维实验，他经常想象自己和光进行一场赛跑，一直跑到宇宙的边缘。他认为这个创造性行为帮助他创立了相对论。牛顿也认为，让心绪游离，可以让头脑清晰，更快地解决问题，最终他发现了万有引力。

从这个角度来说，创造力不再是一种技能，而是一种思想状态，激发创造力的技能只是最基础的必要条件之一。

加州大学圣芭芭拉分校研究者的一项研究显示，当人们从焦虑中摆脱出，获得片刻休息，并将注意力集中到一些不费劲的事情上，他们的工作效率能提高 40%。当你感到有压力的时候，那就不要再思考这些事情，去做一些轻松的事情吧。

所以，当思维疲惫时，就要做些改变，让你的思绪彻底远离焦虑问题，每隔一个小时就休息几分钟，转移注意力。

每个人或多或少都有一些焦虑，它可能源自生存的压力、突然的冲击，也可能源自一时的对比、选择的多样。它钻进你的大脑，占领你的心神，甚至剥夺你的幸福感。如果生活有一万种焦虑，那么对抗焦虑的方法，就有一万零一种。掌握反焦虑思维，就能轻装上阵，更有效率地生活和工作。

反焦虑思维

　　似乎没有一种人生是完美的，总会有缺憾。各有各的难处，各有各的焦虑。

1. 与自己的焦虑共存，将它们控制在可控的范围内
2. 设置两档甚至多档目标，合理管理期望值
3. 让自己进入一种专注的状态
4. 冥想和运动
5. 思维疲惫时，试试"开小差"，转移注意力

运用分布式思维，成为解决问题的大师

最近为了寻找写文章的素材，重新翻了翻《伊索寓言》，看到一个有趣的小故事。这个故事说的是一个人有一头驴，本来他是骑着驴走的，但是在经过各种批评之后，为了迎合大家对他的看法，他不骑驴了，反而是把驴背在背上，走得很辛苦。

今天再提起这个故事，自然不是为了重复老掉牙的"走自己的路，让别人说去吧"的说教。

通过这个故事，我想要分享的是一种趋势，具体地说，是在分布式系统当中，未来越来越呈现出一种失控的趋势，而我们应当如何去把握它，使它能对我们有利。

凯文·凯利在《失控》中用蜂群的例子来描述分布式系统的

特性，形容得特别恰当。

与一般人所以为的不同，蜂群的蜂后其实并不是蜂群的控制者，事实上，飞行中的蜂群没有任何控制者，也没有一个决策中心。然而，当蜜蜂成群飞行的时候，它们却总能保证方向和速度的一致，它们飞行得如此灵活，好像是一体的，然而它并不是一个个体，而是上百万的小虫子组成的群体。

凯文·凯利如此说道："这就是蜂群思维的神奇之处，没有一只蜜蜂在控制它，但是有一只看不见的手，一只从大量愚钝的成员中涌现出来的手，控制着整个群体。"

每一只蜜蜂都不怎么聪明，然而就是这样一群"乌合之众"，它们飞行时整齐划一的组织性，即使是人类也很难做到。

这就是分布式系统的奥妙，就像某个思想实验里所思考的：一群人坐在一个房间里讨论问题，你一言我一语，大家都有贡献。但是成果出来之后，谁是里面贡献最大的人？谁最聪明？

不是里面的任何一个人，因为里面没有一个中心控制者，最终的观点也没有办法还原到每个人身上，他们的贡献是互相联系的，所以最重要的是"房间"这个系统，"房间"最聪明。

像这样一个没有控制中心，但整个系统却运行得非常高效的例子在生活中还有很多，而且在变得越来越多，甚至越来越普遍。

最好的例子就是市场经济。

作为分布式系统的市场经济

改革开放这么多年以来，市场经济在中国的重要性越来越大，最新的说法是要让市场经济在资源配置中发挥决定性作用。而之所以强调市场的重要性，原因就在于它是最有效率的。

所谓市场经济，是指产品和服务的生产及销售由市场的自由价格机制所引导，而不是像计划经济一般由国家所控制。

在市场经济里，并没有一个中心控制的体制来指引其运作，但是市场会透过供给和需求产生复杂的相互作用，形成一种系统性的力量，也就是亚当·斯密在《国富论》里所说的"看不见的手"，进而达到高效自我组织的效果。

最开始人们以为这种缺乏控制的市场有效运作，必须要求每一个人都是理性的，而这往往是很困难的，所以不少人都对之提出质疑。

随着市场的发展，研究者们发现，在这个分布式系统里，虽然每个人都有自己的贪、嗔、痴，都不够理性，可是最终的效果还不错，抹平了每一个个体的行为失误，整个系统仍然保持着非常高效的运转。这就是分布式系统的力量，就像是"智者房间"的放大版，房间里的每一个人都可能说错话，给出错误的观点和意见，又没有人来进行总的控制，但最终的结果总是好的。

不仅是市场本身，在市场中的很多企业也是这样，同样遵循分布式系统的规律。

作为分布式系统的公司

如今微信已经有 8.89 亿的用户，每天发出的朋友圈信息有上亿条，消息数量更是达到 380 亿条之多。公众号的数量也差不多有两千万个，每天产生上百万篇文章，被阅读十几亿次。除此之外，还有小程序和小游戏等。所有这一切构成了微信庞大的生态系统。

人们在这里沟通、分享、生产内容并消费内容，而微信并不会对这些行为进行中心控制，比如搞一堆官方号，让你去生产这个，他去生产那个，那是不可能的。管不过来，效果也不会好。

即使是腾讯自己的内容生产者，也是在其内部独立运作，比如"和陌生人说话""微信读书"等，腾讯不会对这些内容过度控制，也不会因为是自家的内容就极力宣传或者打压竞争对手。腾讯在微信上做的只是设定一个规则底线，然后就不再控制，让微信生态系统的所有参与者自由发展，正是这种自己管自己的分布式策略帮助腾讯成功地运作像微信这样的"庞然大物"。

与微信相似的还有微博，不管是平台、大 V，还是普通用户，彼此之间都不存在中心性的控制关系，所有的内容生产与互动都是靠分布式系统的方式自行运转。

当然，谈到这种分布式系统的成功案例，不能不提到淘宝。最初阿里巴巴的主营业务是 B2B，做了好多年，公司的估值不到一个亿。当马云要转型大力发展 C2C，也就是个人对个人的业务时，很多和他一路走来的人都反对他，他们认为这个市场太乱，不好控制。但马云明智地看到了这里面的商机。

马云说："控制不了的东西很多，但是，关键是为什么事事都要去控制呢？"正是因为给了网民很大的自由空间，最终在所有人都不看好情况下，淘宝战胜"eBay 中国"，成为国内最大的互联网购物平台。虽然淘宝的部分份额如今已被天猫、京东、亚马逊等侵占了，但是人们如果有什么想买的东西买不到，最后还是要回归淘宝，看看淘宝上有没有，毕竟淘宝上的东西最全。

在强调中心控制的系统中，中心想得再多，也总有想不到、疏漏的地方。但是在分布式的系统中，由于控制的力度小，这些缺失会迅速地被各部分自行补上。

若缺乏对于分布式系统的认识，一味地强调中心控制，则可能导致很多问题，比如以偏概全，过度激进，应接不暇等危险。典型的反面例子就是乐视的贾跃亭，从自己的主观愿望出发，想建立七个子生态，其实做好一个就很不容易了。当他一意孤行的时候，很多人都给出了劝谏，但是中心控制力过强，不发生问题则已，一发生就是大问题。

罗永浩在做手机之后，也对这一点进行了反思，用他的话说："我发现所有的事情都要控制，就表明你得把每件事情都要照顾到，而那是不可能的，太注重控制，就没法发挥大家的智慧，也容易照顾不到用户的需求。"经过系统地反思之后，罗永浩学会了适当地放下，锤子手机的出货量有了很明显的改善，最终在竞争激烈的手机市场中站稳了脚跟。

其实这种中心控制的趋势就像是《伊索寓言》里的那头驴，你本可以乘着这股趋势，走得又快又轻松，但有的人偏偏要控制，把整个系统扛在肩上，试图以一己之力控制整个系统的自然走向，结果又累又慢，效果还不好。结局就正如故事最后别人的讽刺那般："明明你骑着它走就行了，为什么你非要扛着它，这不是太蠢了吗？"

道理可能大家都懂，但是这种扛着驴走，显得自己能力很大，最后却费力不讨好的蠢事，在生活中却往往屡见不鲜。很多人总是觉得放下控制就显不出自己存在的意义，不懂得因循系统规律的重要性。

因循分布式系统的规律，放下你肩膀上的驴

很多人其实不是不知道系统自身是有规律的，但为了凸显

自身的能力和重要性，往往会在不知不觉中走向控制的道路。在当事人看来，他还是出于责任心，想要做好一些事情，可他没有注意到这些控制行为可能已经危害到系统自身的组织和发展了。

有句俗话说得好："新官上任三把火"。不是说新官上任不应该有所作为，但是这种作为是不能被强行控制的，而是要因循系统本身的规律。

有一个故事，讲的是古时候有个县很穷，每一任县令来了都想做点什么改善一下，结果每一次换领导，县里就换庄稼，最开始人们种的是小麦，县令觉得收成不好，大笔一挥，改种蔬菜；农民还没习惯种蔬菜，新县令又觉得种果树更赚钱；大家统一改种果树，果树还没完全长成，又换县令了，觉得本地的气候应该适合养蚕，把果树都砍了，改成养蚕；后来觉得丝绸不方便运输，那大家不如改种杉树造车造船吧……就这么三改五改，系统的自然生长一次次被阻断，当地越发民不聊生。

后来很多县令都不愿意来这里了，穷乡僻壤，没人管，十几年后，这里竟然不知不觉富裕起来了。一看，发现农民种什么的都有，也没人安排，因为大家种的东西不一样，就不容易闹大规模的虫害，还可以彼此互通有无。分布式的决策，在看上去乱哄哄的情况下却走出了一条比好心的控制者发展更好的道路。

汉朝的时候，也发生了一件很著名的事情，和这个道理有类似之处，这个历史事件叫"萧规曹随"，也叫"垂拱之治"。

汉朝平定天下之后，由于多年的战乱，民生凋敝，因此汉高祖刘邦与宰相萧何定下修生养息之策，轻徭薄赋，不去过多控制，避免干涉到民间的发展，过了很多年，效果非常好。

后来刘邦死了，儿子刘盈继位。过了一年，萧何也死了，曹参接替了宰相的职位。曹参继位之后，整日就在院子里大宴群臣，不谈公事。有官员要谈论公事，他就给人家敬酒，几杯酒下肚，官员喝迷糊了，他就说："好，送回去吧，今天就到这了。"他就用这种方式避免和人谈论公事。

皇帝很年轻，对他很不满，心想：这萧何说你深谙治国之道，我才聘用你的，结果你一天天这个样子像什么话！不行，我这刚当上皇帝，要搞点政绩出来。于是就让曹参的儿子去劝他老爹上点心，给自己整个国家管理方案。

结果曹参的儿子一劝曹参，曹参立刻叫人把儿子按在地上，打了两百大板。皇帝听说后，不乐意了，心想：这是我让他去的，你这是打谁呢？就把曹参叫过来训话。

曹参就问：陛下，您觉得您和您爸爸刘邦比起来谁厉害？

皇帝当然说：我爸爸厉害。

曹参又问：那你觉得我比我的前任萧何呢？

皇帝说：那更没法比。

曹参就说：那你看，咱俩都不如自己的前任，人家已经给这个系统把好脉了，觉得无为而治，让老百姓自己发展最好，咱俩还起什么幺蛾子呢。您就"垂拱之治"吧。垂拱，就是垂下袖子的意思，您就别指指点点了，遵循自然规律吧。

皇帝听了，觉得很有道理，后来这段时期，《史记》上是这样写的："政不出户，天下晏然；刑罚罕用，罪人是希；民务稼穑，衣食滋殖。"意思是，不天天往外发命令，天下很安定，管制和刑罚很少，人民自己就富裕起来了。

这就像是一个鱼塘，如果你每天清理，那里面就只会有你放进去的那几条鱼，如果你尊重它的系统，不去控制，不去管它，那一段时间之后，里就什么都有了，而且都活得很好。

人们常做的头脑风暴也是如此，如果有人在里面管着，动不动就要评价，那什么成果也出不来，如果尊重每个人的意见，让大家在一个没有控制的环境里自由发挥，那产生的好点子就会多得多。

学着放下控制欲，遵循系统的规律，自由生长吧。当我们试图放下操控心理的时候，我们或许会觉得有些焦虑，有些无所适从，这是我们现实生活的一种常态，但我们同时也要意识到，变化和失控也是现实生活中的一种常态。

我们所处的时代是慢慢走向去中心化的分布式系统，工作、生活等许多事情越来越难以完全掌控。我们有必要尝试不要控制它们，而是给予其充分的自然发展空间，遵循系统规律做事，往往会事半功倍，操更少的心，达到更好的效果。不要想着用一己之力控制你身边的一切，放下控制欲，才会有更好的未来，你会走得更快、更远，也更加轻松！

分布式思维

在分布式系统里，虽然每个人都有自己的贪、嗔、痴，都不够理性，可是最终的效果还不错，抹平了每一个个体的行为失误，整个系统仍然保持着非常高效的运转。

1. 充分认识分布式系统的规律
2. 认识到放下控制的好处
3. 放下控制欲，不要想着以一己之力控制身边的一切
4. 遵循系统的规律，让其自由生长

所有的突破都是自我突围

　　早些年，我听过一个观点："工作五年是一道坎。"迈过了这道坎，你就可以占据职场的制高点，为以后的发展奠定基础。如果没能迈过去，你的职业发展可能会变得比较吃力。

　　2013年，在阿里巴巴商学院的毕业典礼上，马云说："5年内，不要离开你的第一份工作。"事实上，他自己就是这么做的。

　　1988年，马云从杭州师范学院英语专业毕业，1992年成立海博翻译社，开始第一次创业。

　　从1988年到1992年，差不多就是5年。难道这是巧合吗？其实，只要研究研究当下行业领袖的职业轨迹，就会发现，这样的案例还不少。他们的命运转折点，基本都出现在工作5年左右的时间段里。

李开复，1983 年从哥伦比亚大学毕业，1988 年获得了《商业周刊》授予的"最重要科学创新奖"。同年，他还因为开发了"奥赛罗"人机对弈系统，击败了世界冠军而名噪一时。

从 1983 年到 1988 年，用了 5 年！

俞敏洪 1985 年从北京大学毕业，留校任教；1991 年，他从北京大学辞职，开始创办新东方。

从 1985 年到 1991 年，差不多也是 5 年！

李彦宏，1991 年毕业于北京大学；1996 年，他在美国获得了一项网页搜索专利，从此打开了网络搜索引擎的大门。

还是 5 年！

1992 年年初，毕业不久的雷军加盟金山公司，1998 年担任金山总经理。

差不多也是 5 年。

1993 年，马化腾毕业于深圳大学，1998 年，他创办腾讯。

依然是 5 年！

当然，还有很多人不一定是刚好在工作的第 5 年，但基本上都是在这个时间节点前后。失败一定有原因，成功一定有道理。这些业界领袖的人生经历说明了一些问题，他们为什么会在大概五年的一个时间段获得突破，我想是因为经过五年的工作历练，他们认为自己的积累已经足够，可以尝试开启一番新事业；或者，他们的积累已经足够，开始获得一些出色的业绩，被提升到一些重要岗位上，从而开启了人生的新篇章。

如今，我仔细想想，"工作五年是道坎"，这个说法是有一定道理的。

大家都知道"一万小时天才理论"，也就是说，成为一个优秀人才，需要一万个小时的刻意练习。其实，这个理论推广到职业发展上也是成立的。一年大概有 250 个工作日，一天 8 个小时，5 年刚好就是 10000 个小时。人生中前 20 多年的学习积淀，需要通过工作实践来检验，获得反馈，并调整自己的知识结构、思维方式和方法。一万小时的历练，也足以帮助你完成原始积累，做出一定的成绩。如果五年过了，你没有升职加薪，业绩平平，说明你在某些方面肯定出了问题。

这大概就是"工作五年是道坎"这句话的背后逻辑。一个人工作前几年的积累，往往会影响未来的命运。一步错可能步步皆错，一步对可能从此顺风顺水。

工作几年后，在工作中，你是不是会发现这样一些现象：

和自己同时进公司的同事升职加薪，你却在原地踏步。

你给自己设定了月度目标，但是你拼尽全力，却发现依然无法完成。

你一直很努力，感觉自己一直在奔跑忙碌，但是能力并没有得到多大的提升。

　　如果你有这样的困扰，说明你遇到瓶颈了。很多人只是看上去很努力，如果一直无法突破自我，就只能原地踏步。

　　其实，每一个瓶颈，都是一次机会。

　　坐过飞机的人都有这样的体会：当飞机上升到一定的高度，进入平流层时，将会出现一种奇特的现象，向下看去，尽管云层下面（对流层）电闪雷鸣，乌云密布，但云层之上却云淡风轻，阳光明媚。这时，飞机不会受道环境影响，能够平稳飞行。

　　在职场生态中，也是如此。对流层，充满乌云和暴风雨，时而雷电交加，但当你越过对流层，到达一定的高度后，就可以云淡风轻，从此一路顺利安稳。

　　所以，每一个瓶颈，都是一次难得的练习机会，去突破它们，你就能变得强大，成为更好的自己。

如何面对职业的周期性瓶颈？

　　几年前，我也面临着一次艰难的抉择。当时的我，站在人生的十字路口，面临人生中也许是最重要的一次跳槽。

　　当时，我在民营出版行业最大最好的公司磨铁，担任出版中心的总经理，成功打造了"黑天鹅"出版品牌。另外一家在业界位居前列的民营出版公司向我抛来了橄榄枝，想邀请我过去担任执行副总裁。那家公司的总裁职位，给了一个正退居二线股东，所以我是实际上的总裁。董事长大部分时间在海外，他很希望能有一个人带领公司走出混乱局面，提升出版效率。他很有诚意，给了我很大的权限和空间，年薪也非常不错。

我纠结了几个月，慢慢才理清了思路。

第一，我担心的是风险。

离开一个亲手打造的平台，去另外一个处于混乱的新平台，无疑会承担着相当大的风险。如果失败了，怎么办？一切充满了不确定性，我的内心很忐忑。

很多人说，我之所以能够做出成绩，是因为我站在巨人的肩膀上。磨铁是最大的民营出版公司，你做出成绩，哪怕待到老，也只能说明磨铁的平台很给力。所以，我还挺想换个平台证明自己的能力——离开磨铁，我照样可以。

每做一件事，我都会设想一个最坏的结果。如果我没有做好，也说明不了什么，因为新公司那几年一直起伏不定，处于一种混乱的局面。即使我失败了，也只能说明积重难返，无力回春。心里想着：自己还不到三十，怕什么？年轻就是资本，以我的资历，去任何一家公司担任差不多的职位，基本是没有问题的。而且，有了这次失败的经历，也许我以后的路会走得更稳。

第二，我考虑的是能力的提升和价值的实现。

如果从能力发展的角度来说，我更适合留在磨铁，我有理由不走。如果新公司更有利于能力提升，能够突破自己，那我就离开。

如果我继续在磨铁待下去的话，因为下属都很给力，所以日子肯定会过得很舒服。处于舒适区，能力就很难得到大的提升和积累，因为人人都有惰性。我需要去一个挑战更大、能力提升越大的地方。

第三，我考量的是格局。

如果我继续待在磨铁，那么在相当长的一段时间里，我都很难站在一个主导者的位置上，最多也就是分管一个领域的VP（Vice President，泛指所有的高层副级人物）。然而，如果我去新公司，不管结果如何，这件事情都能够让我上升到一个更高的高度，找到一个从整个公司的角度去看到整个行业的可能性，实践自己的一些想法。作为一个主导者，将一个问题繁多的公司梳理清楚，我个人的价值和品牌也会大有提升。

虽然想了这么多，道理也都明白，但是我还是过不了内心的一道关：内心不够坚定。最终促使我下定决心的是王安忆老师在复旦大学毕业典礼上讲的一段话，她说"不要尽去想着有用，而更多地想些无用的价值"。人不能够过度注重功利，有时候要注重无用之用。这"无用之用"在我的理解中，其实就是价值。看上去是一个很虚的东西，但是它对个人来说意义重大。

我很喜欢一本书，郝明义的《一只牧羊的金刚经笔记》，也给了我很多的启发。

　　书中有一个重要观点：红尘就是我的道场。当你正值青春的时候，去做有意义、有价值的事情，那么无论何处都是修行。郝明义先生一开始把《金刚经》当作消除杂念和妄念的倚天剑，他觉得《金刚经》成就了自己。后来，当他的事业做得越来越大的时候，他觉得自己做事的四条标准，似乎成了自己的四大束缚。

　　他坚信很多事情，"宁缓勿急""宁公勿私""宁待勿求""宁小勿大"。他翻了很多书，读了很多人的故事，努力地在寻找一把可以帮他集中心志、积极前行的屠龙刀。每当他觉得有所悟的时候，却又总是无功而返。直到很久之后，才发现倚天屠龙，原来一体！他光顾着用倚天剑的口诀，却忘了换个口诀，《金刚经》就是屠龙刀。

　　最犀利的工具，往往就在我们身边。每个人都应该努力找到属于自己的"屠龙刀"，用它披荆斩棘，扫清人生道路上的障碍。这把屠龙刀，可能是《金刚经》，也可能是别的东西，而且，每个成长的时期也应该有不同的"屠龙宝刀"。

　　当我们在职场中不断获得发展和提升的时候，是否应该跳槽，很多想要晋升的人最终都会遇到这样一个问题。跳槽，或者换新的工作，是一件很痛苦的事情。那么，如何判断一份工作值不值得跳槽？

　　有时候，利弊权衡的本质是克服惰性！

　　面对跟我一样的抉择时，你需要明白的是：你追求的是什么？

　　在做决定的时候，一定要摆脱感情的束缚，克服追求安逸的惰性。

如果你还是拿不定注意，怎么办？大多数人在这种时候，会选择保持现状。那么，在跳槽的时候，如何做出好的决定？

其实，没有人总能做出好的决定。

我的理解是，"好的决定"其实是没有标准的，毕竟，未来谁说得准呢？德国人选举希特勒上台的时候，相当长的一段时间里，大家都认为自己的选择是对的，直到二战战败，人们不得不为自己的决定还债。

而且，无论如何，人总是会后悔的。娶了白玫瑰，后悔没选红玫瑰；娶了红玫瑰，又遗憾错过白玫瑰。人性就是如此。

好的决定有时候就只是不差的决定！所以，我们寻求"不差的决定"就可以了。起码，这样做自己不会觉得压力太大，也不会因为选择太差而沮丧。

做出决定后，要把时间和精力花在执行上。不管选择哪条路，只要下定决心往前走，任何一条路，都会被你走成一条好路！若是站在原地不走，陷入纠结犹豫中，就是自己跟自己的一场内耗，任何一条路对你而言都是死路。所以，敢做决定也是一种能力，它好过不做选择。

当你做出一系列不差的决定后，通过不断叠加，产生的效益也会变大。

股神巴菲特就是这么做的。

有人跟我说过一句话，我一直记着。他说："在你做决定的时候，不要想你会得到什么，而是想你会失去什么。"

我以前不太懂，直到过了好些年，才慢慢懂了。

在面临抉择的时候，我都会问自己，做了这件事，我会失去什么。

如果我可以接受，那我就一条路走到底。

在我看来，所谓"好的决定"就是跟随自己的心和直觉，在个人价值和能力提升方面做一个判断后，果断做决定，不后悔，它就是对的。

另外，我还有几条建议帮助你做选择。如果你能做到这几点，便能快速地突破自己的瓶颈，获得个人的指数级提升。

所有的突破有时候都是一场自我突围！

我们都知道，最锻炼能力的，往往是最难熬的项目。如果你每天做的都是自己再熟悉不过的事情，那么你很难获得成长。

专家研究表明，只有在学习区练习才最有成效。所以，我们应当走出舒适区，接触一些不熟悉的领域，尝试一些有挑战性的任务，让自己过得不那么舒服。

比如对于一个编辑来说，很熟悉产品部分，可以去了解一下销售；制作很厉害了，可以学习一下设计；写文章在行，可以试试运营公众号。当你对各个岗位都有了解后，你对很多事情的看法都会发生改变，做事的格局也大不一样，团队合作会更顺畅。老守着自己会的那点儿东西，总有一天会坐吃山空。

记住，所有的突破都是一场自我突围！你要懂得打破你原有的习惯，打破你原有的思想，以及突破你内心的障碍。只有这样，你才能在事业的大厦上添砖加瓦。

没有所谓的短板，开启刻意练习吧！

刻意练习，其实是从"熟练"到"生巧"的转换方法，对于一个人的提升来说非常重要。心理学专家发现，不少成功人士，都是用"刻意练习"的方法来完善自己。他们把精力放在"次级技能"——也就是不太好的技能上，对其进行学习，然后通过学习、反馈、调整以及专业的指导来获得提升。通过这种练习，他们的技能获得了脱胎换骨的进步。

就拿打字来说。我们每个人都花了不少时间在打字上，但速度并没有越来越快，如果我们每天花 10~20 分钟，聚精会神地打字，进行有针对性的训练，就可以让你的打字速度比平常快10~20%。坚持练习一段时间，尤其是进行一些容易失误的针对性训练后，我们就能越来越快。这就是刻意练习的意义。补齐强化我们的短板，让技能均衡，从而继续往上盖楼，迈入人生新的高度。

需要注意的是，并不是所有的练习都是有效的，没找准方向，就只是在浪费时间。比如你用吉他弹一首曲子时，某个小节老是弹不好，你只要单独练习这个小节就可以了，无须重复练习整首曲子。

为了顺利找到短板，你可以尝试将一项技能分解成不同模块的二级技能，然后通过对比和测验，就能知道自己需要努力提高的是哪一部分的技能。比如你的英语成绩不好，英语分为听、说、读、写四个二级技能，你可以通过分别测验，找到你的短板，然后通过学习来弥补。

这个环节也是突破瓶颈的关键。关于刻意练习，推荐大家去看看安德斯·艾利克森的《刻意练习》。这本书写得十分专业细致，很多问题都可以在书中找到对应的答案。

做才是得到：快行动，慢思考！

俗话说，三思而后行。所以，人们总会陷入一个误区，想得太多，做得太少。

亚里士多德发现，一个人如果表现得很有美德，那他最终会成为一个有美德的人。也就是说，行为会改变一个人，多做好事，就会变成好人。他的这一说法得到很多社会心理学家的证实。简单来说，改变是由外向内，而并非由内而外产生的。

一般情况下，人们的学习顺序是"先思考后行动"。但是在一个人自我提升的过程中，学习顺序往往是相反的。如果我们想要成为一名优秀的人，就要学会"快行动，慢思考"。换句话说，我们要先在行为上表现得像一个天才，而后才会像天才一样思考。所以，要成为一名优秀的人，就要打破传统的学习顺序（先思考再行动），养成快行动慢思考的习惯。

管理思想家艾米妮亚·伊贝拉研究过有关人们如何度过工作

中的重大转变期的问题。她发现，领导者转变过程是由外而内产生的。如果我们像一个领导者一样做事，比如不断提出新观点，在专业领域之外做出贡献，或是集中力量做出一件很有价值的事，等等。身边的人也会慢慢觉得我们越来越像一个真正的领导者。随着一个人领导能力的增强，那他得到认可的可能性就会越来越大，他就有可能升职；随着职位升高，他还会有更多的机会展现自己的才能。如此一来，便形成了一个良性循环。

漫无目的的思考只会让你原地踏步，做，才能得到。只有快快行动起来，在行动中思考和领悟，你才能知道自己需要做些什么，而不仅仅是空洞而乏味的思考。

绝大多数时候，硬着头皮坚持做完，一边做一边调整，即使结果糟糕，也比停滞不前或者半途而废要好。

想得再多，不如迈出一步。决定做了就直接行动，这往往比你准备充分了再去做要好。

哪怕是摔出去的一步，也比不动的好。

突破瓶颈

　　每一个瓶颈，都是一次难得的练习机会，去突破它们，你就能变得强大，成为更好的自己。

　　1. 面对风险，不要害怕失败

　　2. 选择去一个挑战更大、能力成长更快的地方

　　3. 不能够过度注重功利，有时候要注重无用之用

　　4. 做决定时，不要想你会得到什么，要去想你会失去什么

　　5. 走出舒适区，接触不熟悉的领域，尝试有挑战的任务，让自己过得不那么舒适

　　6. 开启刻意练习，人生没有所谓的短板

　　7. 慢思考快行动，想太多，不如迈出一步

你以为你懂的，你真懂吗

努力不一定让你成功，思维方式才能决定你的命运。当你掌握了更高级的思维方式，你会比其他人看待问题更深刻、更全面、更易触及本质，解决问题更能四两拨千斤，游刃有余。只有提升思维方式，升级认知维度，才能实现降维打击，完成碾压式的超越。

思维跨界

我们生活在一个追求创新的时代，强大如诺基亚、摩托罗拉和最近的全球最大玩具零售商反斗城公司，因为没能跟上时代的步伐，反而成了反面案例。

然而，在一个细分到无以复加的社会，刻意求新是极其困难的。无论你想到什么好点子，总会发现早就有人想到了；你想开创一个新山头，却发现就连小山包都已经被人占领了。这个时候，要怎么创新，机会在哪里？

跨界思维可以帮助你。你只需要立足于一个熟悉的行业或者事物，然后与其他行业和事物整合、融合、嫁接，就可以得到全新的东西。

只要拥有了跨界思维，你就可以突破自己的认知边界，拓宽看待事物的视角，提升自己的认知维度，发现许多不为人知的机会，切切实实地将知识转换为战斗力。

事实上，如今大部分的创新都来自于跨界整合。很多牛人，没有谁能够仅凭自己大学的专业知识就安身立命，都是在不断地整合知识，不断地扩展自己的认知范围。

在我刚开始工作的时候，有一本书对我的影响很大，这本书叫作《当和尚遇到钻石》。作者麦克尔·罗奇格西是一个美国人，出生于上世纪50年代初，毕业于名校普林斯顿大学。出人意料的是，他毕业后不久，选择成为一名佛教徒，并在印度受戒出家。他在印度修行了25年，成为了一名佛学博士，获得了"格西"的称号。随后，他回到美国经商，用自己在佛教经典之作《金刚经》中领悟到的道理做生意。他和朋友一起贷款5万美元，创建了安鼎国际钻石公司，没花多长时间，就把这家公司做成了一家年营业额超过2亿美元的国际型大公司，他也因此得到了"佛商"的称号。之后，他把自己的经历写成了一本书，这就是《当和尚遇到钻石》的创作由来。这本书被译成了25种语言，畅销全球。当人们问起什么东西对他影响最大时，他回答："《金刚经》改变了我的一生。"

正当安鼎国际钻石公司处于巅峰时，罗奇格西却选择退出，转而潜心研究佛学，同时致力于传播佛教知识，在世界各地演讲布道。他成立了一个为商界人士服务的组织，教授他们通过禅修培养智慧，从而得到更大的力量，让事业更加成功。在他的指引下，很多人不但得到了商业上的收益，也获得了幸福。

罗奇格西的经历，就是典型的跨界行为。出世淡泊的佛教，和入世经营的商业，看似格格不入，却被他融会贯通，形成了新的理论，改变了很多人的生活。因此，跨界思维能够带来巨大的创新，给世界增添新奇的颜色。

跨界存在于很多领域中，不但流行在最新潮的科技中，它在基础科学研究领域也从来没有缺席过。2014 年诺贝尔化学奖的获奖者，明明获得的是化学领域的最高奖项，但他还拥有物理学博士的身份。正是由于跨界的双重背景，让这些物理学家在超分辨率显微镜领域取得了重大突破，从而推动了人类从分子水平理解生命科学中的现象与机理。

股神巴菲特数十年的合伙人查理·芒格就十分推崇跨界思维。他说，所有尚未解决的问题都像是生活中的钉子，尖锐又使人困扰。那些具有跨界思维的人，就像手里拿着锤子。他们能把钉子钉进需要的地方，让钉子不再是困扰，而是发挥应有的作用。

跨界思维的特点

在现代商业世界，跨界是一种全新的思维模式，它能够拓展思维，实现跨界交流和互通。

领英，是一款社交软件，但是服务的群体却是商业人士。用户可以通过它认识一些人，维护人脉。注册领英的时候，平台会自动生成电子名片，写明你从事的行业和职务。有人就想到可以借助平台实现更多可能，于是跨界软件 Lets Lunch 应运而生。这款软件结合了餐饮和社交，让用户可以通过领英账户登录，软件会识别用户的职业信息，然后安排他和同行业领域的人一起用餐。等待双方确认后，你就可以和一个陌生的同行约饭了。用餐结束后，可以对对方做出评价，借此获得更高的信誉值。信誉值累积得足够高时，你就有可能和所属领域的更高层人物一起进餐了。

Lets Lunch 的巧妙之处在于充分利用职场人士的午餐时间。这段时间说长不长，若是一个人默默吃饭就浪费了。如果能和同行一起吃吃饭，聊聊天，除了能了解行业信息外，还能认识人，为今后的事业发展提供帮助。比如向技术大牛提问、谈合作等，也许那些困扰你很久的问题，对于他们来说，就是几句话的事情。因此，除了餐饮和社交，这款软件还具有猎头功能。

跨界往往是跨行业、跨领域的，因此，要把多种思维方式和行业知识综合在一起处理，才能创出全新的事物。

我们都知道全球第一大运动品牌是耐克，但是在北美，第二品牌不是阿迪达斯，而是安德玛。近几年，安德玛开始在中国发力，它的品牌策略十分清晰，专注于运动和健身爱好者，为他们提供更好的体验。

最开始的时候，安德玛和其他品牌一样，在运动服装的红海里厮杀，虽然业绩还不错，却很难有更大的提升，安德玛的管理者便考虑转型。安德玛认为，运动重在健身。那么，要如何把运动服饰和健身更好地结合起来呢？想更好地健身，人们通常会请一个健身教练。如果买衣服时能搭配教练服务，无疑会产生巨大的吸引力。但是，为每个消费者配备私人教练不太现实，于是安德玛想开发一款智能穿戴设备，随时监测身体的变化。如果在公司内部成立技术研发部门，需要投入很多时间和精力。于是，安德玛想到了跨界合作。

安德玛找到了合作者，一起开发软件。这款智能设备，能够感知到使用者的运动状态，并通过他的年龄、体重和理想中的健身水平，为他配置一个虚拟教练。这个虚拟教练会制定健身计划，告诉使用者如何合理、科学地健身。同时，这款设备还能实现社交功能，让你找到做同样运动的人，而后能一起交流经验，互相鼓励。

通过这种跨界，安德玛创造了全新的运动体验，成为了增长最快的运动品牌。

如何培养跨界思维

第一，切换看待问题的视角，提升认知的维度。

估计喜欢看体育比赛的人都知道，有些体育网站的 VIP 会员可以切换视角。通过不同的角度观看球赛，了解更多的细节，从而获得不一样的感受和体验。切换到上帝视角，可以从正上方俯瞰整个球场，球员的跑动路线和传球路线，一目了然；场边 VIP 席位的视角，则可以让你享受和巨星一样的待遇，仿佛坐在场边零距离观看比赛。

视角的切换，对于打开思维、创新特别有帮助。比如果麦文化最开始出了一本书，叫《给孩子读诗》，收集了很多诗人、名人的优美诗歌，大受欢迎，成为了畅销书。别的公司开始模仿，市面上多了各种版本的《给孩子读诗》。之后，果麦文化又推出了后续作品。这一次，果麦文化并没有按照常规的方式命名为《给孩子读诗2》，而改名叫《孩子们的诗》，收录的都是孩子们写的好诗。上市不久，再度成为畅销书。在《给孩子读诗》这本书里，视角是名家、大人，而在《孩子们的诗》这本书里，视角却是无名的孩子。视角的转换，出人意料，又高人一筹。

所以，当你拥有了多重视角，在思考问题、解决问题的时候，就能屡出新招，从而在竞争中领先对手，拥有四两拨千斤的效果。

第二，重视"弱联系"的力量。

斯坦福大学的教授马克·格兰诺维特（Mark Granovetter）是社会学专家，他在上世纪70年代做了一项研究，分析波士顿近郊的人如何获得工作。他在282个候选人里筛选出了100个对象，分别与他们面谈，询问对方找工作的经历。在这100名研究对象中，有54人凭借人际关系得到了职位。也就是说，当你在研究怎样让自己的简历显得更有看头的时候，很多工作已经被有关系的人得到了。

格兰诺维特通过进一步研究，发现真正让人获得工作的不是平时常见的亲友，而是偶尔才见一面的人。这些人之间的联系，被称为弱联系。你和弱联系的人可能一周甚至一个月都见不了一次面，但是他们在关键时刻却能帮上大忙。这些人不在你平时最紧密的社交圈子里，而是你生活的"局外人"。

为什么会出现这种情况呢？格兰诺维特给出了自己的解释。俗话说，物以类聚，人以群分。和你联系最多的人，所处的领域通常与你很相近，水平和认知也差不多。因此当你想找工作的时候，你的这些朋友并不会比你多了解多少信息。只有那些在你的交际圈子之外，也就是和你保持弱联系的人，才可能告诉你一些你不知道的事情。

我们可以看出，弱联系才是不同领域之间的桥梁。想要实现跨界，也要在弱联系上加强修炼。这种联系能够为你提供不熟悉的知识，帮助你更从容地解决问题。如果只和同一个圈子里的人交往，即使圈子再大，聚集的也都是类似的人。因此，我们要多接触不同的圈子，认识更多陌生领域的人。

如今，弱联系的理论在很多地方都能得到应用。无论是想提高自己，在职业生涯中更进一步，还是从头开始创业，都要开发更多的弱联系人，而不是只从熟悉的强联系人中寻找伙伴。有数据表明，与和朋友一起创业相比，和弱联系人合作往往会碰撞出更多的火花，也会让一家新公司显得更有活力和创造力。

杜克大学的社会学教授马丁·吕夫（Martin Ruef）研究了数百名美国斯坦福大学的MBA，试图找到弱联系和创业之间的关系。他给766名在毕业后尝试过创业的MBA发送了调查问卷，询问了他们创办公司的各种信息。他试图根据这些公司的产品影响力、经营能力和国际知名度来衡量它们的创新能力。吕夫教授发现，这些MBA兼公司创始人们不会经常与自己的家人和亲密的朋友（强联系），谈论关于创业的意见或想法，他们更愿意和陌生的客户或者供应链提供商之类的（弱联系）进行讨论。

通过这份调查，我们似乎可以看出，一个有创意的想法通常来自弱联系。如果你想创业，或者有一些解决不了的困扰，不妨找门外汉或者陌生人聊聊。

第三，建立"绿灯思维"，打破认知边界。

数学上有一个著名的定理，叫"哥德尔不完备定理"。用数学语言来表述这个定理，有些难以理解。我们可以用通俗的语言来解释，这个定理的意思是：如果一个系统是自洽的，它一定是不完备的，其中一定存在系统内无法证明的命题。从这个阐述上看，我们有很多观点都十分狭隘。因为我们常常认为，已知的世界就是全部，实际上未必如此，还有很多我们尚未认知的世界。要发现已知世界中的不完备并不太容易，但是我们可以通过建立"绿灯思维"来打破认知的边界，找到通往新世界的可能。

要了解绿灯思维，就要知道红灯思维。红灯思维，就是对任何与自己所知的理论不同的观点都加以排斥，找各种理由来进行反驳。而绿灯思维正好相反，是一种包容的思维。当遇到不同观点时，持绿灯思维的人会首先想到：我不知道它对不对，但我要试试，看它能否帮助自己。

我理解的绿灯思维即是先别急着下判断，先接纳，再接受，接纳不等于接受。也就是说，先接纳新观点和建议，理解其用途和价值，然后再去分析这些观点，是不是完全正确，有没有缺点。理性地接受你认可的部分，积极验证你尚且不认可的部分。这本身就是一个拓展认知边界的过程。

要想建立绿灯思维，就要先从最基础的认知开始改造。先把自己和自己的观点之间区分开，然后再试着接受他人的观点。当别人提出新的观点时，并不是否认我们以往的观点，而是提供了一个发现新观点的机会。如果你能接受这些新观点，就可能得到成长。

乔布斯曾经说过："我特别喜欢和聪明人在一起工作，因为最大的好处是不用考虑他们的尊严。"这句话的意思并不是聪明人毫无尊严或者不在乎尊严，而是因为他们知道，尊严与能力无关。工作时的争论和互相反驳，不会践踏尊严，因此聪明人会把注意力都放在工作上，而不会在意面子。当你做出一项大的创新，变得更好时，尊严自然会得到更大的满足。

跨界的本质是在同一个能力项度内实现更多更宽的连接。当你接触了更广阔的世界，就更容易创新。因此，要敢于打破固有的认知，用"绿灯思维"改造自己，发现新观点和新价值。当你面临挑战时，不要慌张，也不要忙于从过去的经验里翻找应对的办法，向四周看一看，去陌生的地方找寻，或许就有意想之外的收获。

跨界思维

　　跨界思维可以帮助你。你只需要立足于一个熟悉的行业或者事物，然后与其他行业、事物整合、融合、嫁接，就可以得到全新的东西。

1. 综合处理多种思维方式和行业知识，创造新的事物
2. 加强修炼"弱关系"
3. 建立绿灯思维，别急着下判断，敢于打破固有认知
4. 切换看待问题的视角，提升认知的维度

心态也需要刻意修炼

　　有一次，和一个朋友聊天。朋友很是为自己做事情完全看心情的心性苦恼。心态浮躁的时候，他连在网上注册新用户都不耐烦，觉得要填的信息太多，网站设置不够人性化，为什么不能用微信登陆？心态平和的时候，他又觉得自己特别有耐心，再复杂的东西都能慢慢搞定。因为心态波动太大，所以，他有时觉得自己像一名智者，有时又觉得自己像个疯子。

　　其实，这种情况相当常见。社会发展越来越快，人们的内心也变得越来越浮躁。尤其是初出茅庐的年轻人，迫切地追求"多、快、好"。然而，当一个人经历的事情多了，认知水平达到一个较高境界时，他就会转而追求"慢"了。因为见多了风风雨雨，内心就会淡定，平和，也就很难再起大的波澜了。

所以，要想提升思维，就要先调整心态。思维和心态好像人的左右腿，要想左腿前进，必先迈出右腿，如此，才能一步步向前走。提升思维和调整心态，是人生的两大必修课。那么，如何调整心态，从而推动思维的提升，在人生的道路上大步前行呢？

花了好些天时间，我终于断断续续地把上百万字的《德川家康》看完了，得到的最大的启发，便是心态的重要性。

在日本战国时代，有三位著名的枭雄，号称"日本战国三英杰"，他们分别是织田信长、丰臣秀吉和德川家康。在日本民间，流传着一个关于他们的故事。曾有人问过他们同一个问题："如果杜鹃不叫，该怎么办？"织田信长回答："杀掉它。"丰臣秀吉回答："想办法逗它叫。"而德川家康回答："等它叫。"

从这个故事，我们就能浅显地看出这三人的性格，性格决定命运。性格急躁、雷厉风行的织田信长打下了统一日本的基础，最终却被迫自杀；精于权术的丰臣秀吉虽然完成了统一日本的大业，却在征讨朝鲜时郁郁而终；心态平和、谨慎耐心的德川家康韬光养晦，一步步在磨难和困境中发展壮大，开创了200余年德川幕府的太平盛世。因此，日本有一句俗语说：天下这块年糕，信长捣，秀吉和，家康吃。

德川家康不是一个传统意义上的英雄，没有强大的实力和传奇的经历，和同时代的其他风云人物相比，他并不是最出色的。

但他懂得隐忍，拥有良好的心态。可以说，正是这种稳定的心态成就了他。

如何改善思维和调整心态是人生两大必修课。如果说人生是一场比赛，输赢并不重要，重要的是心态的修炼。

什么是心态

心态是人们对事物的看法和认识，是内心的想法，是一种稳定的思维方式。心态决定着人们对事物的看法，而这种看法也直接决定着人们的行为。一系列的行为组合起来就是一个人的人生与命运。

我很喜欢韩国一部电视剧《商道》，讲述了19世纪初朝鲜首富林尚沃的故事。他的故事对我的影响很大。这部电视剧虽然说的是经商之道，但其实讲的是一个人历练心智从而得道的过程。

林尚沃一生非常传奇，从一个卑微的杂货店员成了天下第一商。他在经商中，悟出了一个影响他一生的道理："财上平如水，人中直似衡。"这句话的含义是，对待财物要公平如水，做人要正直如秤。也就是说，在商务活动中要放弃贪婪之欲，奉行正直公平之道，这就是商道。这个道理不仅适用于商业，也告诉我们应该保持的心态: 在追求成功时，不要过分计较输赢，要正直克己，保持独立的人格。

我在磨铁时有一位同事，他叫白丁，"九零后"。年纪不大，但是在所有的产品经理中，他的业绩最好，人缘也不错。他成功的秘诀就是，与所有人保持一定的空间与距离。这种抽离，就是一种良好的心态，因为不是所有人都能在一片赞扬声中做到冷静地抽身而出。

心态影响人们的思维方式

马云在一本书里说："以前看见张忠谋、郭台铭，火气就大，因为他们把我的机会都拿走了。"他指的是创业初期，所有看得见的机会都被成功人士攥在手里，自己似乎毫无胜算。当他选择互联网作为创业的方向时，没人看好他，但他坚持到了最后，也取得了成功。在马云自己也成为成功人士之后，他就开始检讨自己，而不是像最初那样责怪别人。

马云在这里说的就是一个心态的问题。心态能改变人们的思维方式，使人更好地成长。我最近读到一本书，名叫《心态致胜》。这本书里提到，所谓"用人之道"，并非是找最能干的人，而是去找拥有良好心态的人。这样的人，胸襟开放，能够勇于面对与克服阻碍，愿意提供与接受反馈意见，因此会有更好的发展。

好的心态帮你克服魔障

我们常常会听到一些周围人的抱怨，他们说"为什么我没有成功？那些成功的人比我厉害在哪儿呢？"这些抱怨可以归结为，要想获得成功，关键在于什么？我认为，关键在于你在人生的每个节点做出的决定。要想做出正确的决定，心态很重要。

心理学家埃里希·弗洛姆曾经做过这样一个著名的心理实验。他带着一群学生来到一个没有开灯的房间里，让学生们排队依次走过一座独木桥。等学生全部通过之后，他打开了灯。在昏黄的灯光下，学生们看到他们刚才走过的独木桥下竟然是一个深坑，里面有一条巨大的蟒蛇。学生们表现出了恐惧和愤怒，瑟缩在房间的一侧。

这时，弗洛姆问："现在，你们还愿意再次走过这座桥吗？"大家你看看我，我看看你，都不作声。过了片刻，终于有三个学生犹犹豫豫地站了出来。其中一个学生一上去，异常小心地挪动着双脚，速度比第一次慢了好多；另一个学生战战兢兢地踩在小木桥上，身子不由自主地颤抖着，才走到一半，就挺不住了；第三个学生干脆弯下身来，慢慢地趴在小桥上爬了过去。弗洛姆兑现了奖励后又打开了一盏明亮的灯，学生们这时才看清，原来独木桥下还有一张安全网，只是刚才没看到。

这张看不见的安全网，就是我们的心态。在我们的生命中，会有很多个走独木桥的时刻。能否顺利地过桥，都取决于我们的心态。在面对人生的许多困难时，自以为把细节分析得无比明确，考虑得无比周详的人，反倒会被困难吓倒；倒是那些没把困难完全看清楚的人，才更加勇敢无畏。也就是说，忽略周围的各种干扰，就能专心走好人生之路。

真正有效的问题根除之法取决于心态

有一次，我和朋友聊天，讨论了一个问题：知识、思维方式和心态有什么关系？哪个最重要？经过一番讨论，我们达成共识：知识是基础，但运用好知识，取决于思维方式和心态。它们都很重要，很难分清主次。

知识并不能带来力量和财富。然而，以平和的心态，用正确的思维方式去行动，知识就可以转化为力量和财富。所以，将知识转化为力量、财富，取决于人的思维方式和心态水平。同样的知识，对于不同的人、不同的思维方式和不同心态的人，将有着不同的运用方式，也将发挥不同的价值。

我们的思维在精进的时候，心态也要同步跟上才行。否则，一只腿长，一只腿短，或者一条腿快，一条腿慢，要么就走不快，要么就会摔跤。

所以，思维方法只是帮助人们发现问题和找到解决问题的方法，而心态和眼界则从本质上决定了你能不能真正解决问题。

心态决定一个人的命运走向

如果人生是一场比赛，那么就一定有比分领先或落后的时候。人生的常态就是成功和失败交替出现，自由和束缚同时存在。要正确地看待人生的常态，才能在成功时不焦躁，在失败时不气馁。

晚清重臣曾国藩是我的老乡，也是我的偶像之一。他资质平平，却在国家最危难的时候，用最笨的方法，步步为营，稳打稳扎，最终平定了太平天国，解万民于水火。在当时，曾国藩是名副其实的"一人之下，万人之上"，但他没有自恃功高，反而日渐小心谨慎。他家门前有一副对联：战战兢兢，即生时不忘地狱；坦坦荡荡，虽逆境亦畅天怀。正是这种谨慎的态度，保他一生平安无虞，成就了他的一世英名，开创了曾氏家族的辉煌。司马辽太郎在《德川家康》一书中，也表达了类似的观点。他认为，正是德川家康隐忍和稳定的心态，才让他得以开创一个属于自己的时代。

每次在艰难的时候，我都会想到曾国藩和德川家康。他们教会我遇事不慌张，要沉着冷静，吃得苦，耐得烦，将事情一步步解决。没有什么解决不了的困难。我们要用正确的态度去对待生活。

口渴难忍的你，回到家打开冰箱，却发现里面只有半杯水，你会怎样做呢？是抱怨只有半杯水，完全不够解渴？还是觉得有半杯水已经足够了，总比没有水强？大部分人都爱抱怨，而做出第二种选择的人会感到幸运和快乐。心态会左右我们的人生，也能决定我们的命运。

在人生赛场上，如果说上半场的对手是各种困难和挑战，那么到了下半场，你的敌人就只剩下了你自己了。你只有制伏自己，才能制服敌人，得到完满人生。

心态是一辈子的修行

常常有人问，应该如何培养良好的心态？其实，这个问题是一个伪命题。心态和个人的人生阶段、背景、知识层次、阅历等息息相关。一个刚毕业的小伙子，不可能有老和尚心如止水、宠辱不惊的强大心态；家境普通的你，也不可能像澳门赌桌上的许多富豪那样，扔出去一百万筹码却面不改色心不跳。

心态的历练，需要一个过程。

要习得一门专业技能，需要一万小时的刻意练习。然而，在心理学中，人对于外部世界的认识，可以分为三个区域：舒适区、学习区和恐慌区。

所谓舒适区，就是当我们身处这个区域的时候，感觉很惬意，做起事来也得心应手，每天处于熟悉的环境，和熟悉的人打交道，做着自己擅长的事情——甚至，你就是某个领域的专家。但是，在这个区域，你很难遇到挑战，也很难学到新的东西。

学习区是我们很少接触甚至未曾涉足的领域，充满各种新颖的事物。在这里，我们可以充分锻炼自己，学习新的知识。所以，在这个区域，你不但能够学到新知识，而且学习效率非常高。

然而，当你身处恐慌区的时候，你会感到焦虑、恐惧，整个人有点惊慌失措，就像不会开车的人突然被要求驾驶汽车上高速公路一样。所以，当你处在恐慌区的时候，自然也无法学习。

所谓的刻意练习，指的是将恐慌区变成学习区，在学习区内进行练习，从而将学习区变成舒适区，总而言之，要不断扩大学习区的领域。

刻意练习一项技能很难，但若始终把心态放在一个刻意修炼的区域当中却不难。当你遇到一件事或者在做一件事的时候，你需要做出判断，这件事让你在心态上处于舒适区、学习区还是恐慌区。当你做好了判断，一些改变就会自然发生。

当年的我，因为对成长的渴望、对创造更大价值的信念和对学习区的深刻认识，促使我下定决心离开舒适区。

事实证明，这个决定成为了我人生的引爆点，开启了我不断折腾、挑战自我的旅程。后来，慢慢地，刻意学习的心态成为了我人生的一部分，它让我不甘平凡，敢于面对变化，心态也变得越来越开放、积极。

犹记得自己刚来北京的时候，一无所有，但是我相信，梦想可以克服一切困难，所以我总能让自己乐观。当生活让人笑不出来的时候，我在镜子前用双手拉升自己的脸，露出微笑，和自己说，没关系，面包房子都会有的，一切都会有的。

一晃眼，在这个城市待了十多年了，我拥有了一些东西，但时常还会恐惧。

我害怕自己的努力不能换来理想的生活；我害怕努力让自己变得更好却得不到一份完满的爱；这个世界变化太快，很多事物刚刚出现转眼间就过时了，我害怕来不及拥有更多，这刚刚得来的一切就会瞬间消散；有的人来了又走，走了却再也不来，我害怕那走过的路如流淌的河，回不到当初，也遇不到美好，该来的不来，不该去的就这样去了。

听过这样一句话：每个人心中都有自己的怕和爱。是的，每一个人都拥有努力让自己的生活过得更好的能力。

如果我们坚信，生命的意义在于体验，那就让我们听从内心最真实的声音。相信信念可以强于恐惧！

回首往事，那个内心惶恐的自己，无比清晰。但，这是我们每一个人必经的旅程。没有人生来强大，无所畏惧，总是能做正确的事情。所以，即使你一无所有，只要你拥有一个好的心态，通过不懈的努力，你一定可以闯出自己的一片天地。

调整心态

要想提升思维，就要先调整心态。思维和心态好像人的左右腿，要想左腿前进，必先迈出右腿，如此，才能一步步向前走。

1. 不过分计较输赢，正直克己，保持独立人格

2. 忽略周围的各种干扰，专心走好人生之路

3. 以平和的心态，用正确的思维方式去行动，知识就可以转化为力量和财富

4. 正确地看待人生的常态，才能在成功时不焦躁，在失败时不气馁

5. 心态是一辈子的修行，要始终把心态放在一个刻意修炼的区域当中

如何逆转人性的弱点与陷阱

三年前，我的一位朋友被催婚。他的父母 40 多岁才生了他，加上身体一直不好，就想让他早点结婚生子。迫于强大的逼婚压力，他和亲戚介绍的一个女孩子相亲，接触了几次，觉得还不错，就迅速订婚了。然而，同居之后，他才发现两个人不但生活习惯完全不同，三观也严重不合，经常陷入无法沟通的状态。

那段时间，他整个人都很崩溃，内心非常痛苦。

他想分手，但是婚房已经买了，婚宴也已经订好了，彩礼也已经给了对方，再有一个月就结婚了。现在分手的话，不但要损失很多钱，而且也无法面对父母和亲戚朋友的谴责和质疑。

我们都劝他，既然不合适，长痛不如短痛，干脆割肉止损得了。

勉强在一起过日子，折磨彼此，损失的是两个人一辈子的幸福。

但是，朋友内心无比纠结。他心疼钱，更害怕名声扫地。最终，他无法走出关键的一步，还是按期结婚了。

结完婚后，他换了工作，我们也慢慢和他失去了联系。后来听一个朋友说，他有儿子了。

前段时间，我在一场发布会上见到了他，整个人苍老了很多，完全不像是三十岁的人。以前意气风发的模样，如今都没了精气神。问他近况，他说最近在准备离婚，因为实在过不下去了。

我内心不由感叹，早知如此，当初怎么不果断一点呢？如今，还得搭上孩子，真是造孽。

我这个朋友从小就很优秀，人也很聪明，双商都高，为人处世滴水不漏，怎么在婚姻大事上就看不明白，还栽了大跟头呢？这个问题我一直没太明白。直到前段时间看了一本书——《隐性逻辑》，我才知道了原因。

人都会害怕失去自己付出了的很多东西，即使明知道自己错了，还是会坚持一错到底。这是每个人都会犯的错误，从心理学的角度来说就是"沉没成本效应"。

用作者卡尔·诺顿的话说就是：手上的麻雀好过屋顶的鸽子。很多被骗的人，明知道自己被骗了，还仍然抱有一丝希望，继续给骗子打钱；有些人明知道自己是备胎，还依然死心塌地，希望能够转正；有些人明知道自己的偶像人品渣，但在偶像遭受攻击的时候，依然会拼命为他辩护……这些举动，都是基于这种心理。

其实，主宰和影响我们思维方式的，往往是一些隐性的逻辑。要正确运用思维工具，正确和有效率地进行思考，就必须要了解隐性逻辑，避开思维陷阱，从而做出更好的判断和选择，实现人生逆袭。

很多人都觉得，自己做决定都是基于逻辑、个性和经验，通过理性思考得出的。然而，真相并非如此，我们很容易掉入思维的陷阱。

你从室内走出来，发现街道的路面湿了，就会得出结论：刚才下雨了。其实，除了下雨，还有很多原因会导致路面变湿：街道边上的水管破裂了、洒水车刚刚经过，等等。我们虽然知道有其他的可能性，但是在第一时间，还是会将路面湿了和下雨之间划上等号。

从逻辑的角度而言，正确的推理是：如果下雨，街道就会湿。然而，我们看到街道湿了，就得出下雨了的结论。这个推理逻辑显然是错误的，我们不能把前提作为结论。

那么，为什么会出现这种情况？

《隐性逻辑》的作者卡尔·诺顿通过研究发现，很多时候，我们做出一些决定，并不是因为我们认为它们更合理，而仅仅是因为我们大脑认为这样更省力而已。

所以，我们总以为自己做出的决定是经过了理性的分析和思考的。其实，影响我们思考和做决定的，往往是一些隐性逻辑。隐性逻辑一旦发挥作用，很可能就会让你陷入思维陷阱。

为什么会这样呢?

第一,为了节省能量更好地生存下去,我们大脑会自动将很多行为简单化。盘子掉地上摔碎了,我们会自然而然地把原因归结为重力原因,而不会每次都重新分析原因,因为这将会耗费巨大的能量。我们大脑会凭借之前的经验建立一个公式,下次再遇到同样的问题时,就直接套用这个公式,省得再运行一遍。但是,社会发展得非常之快,之前的经验往往是靠不住的,这样一来,就会出现很多错误。守株待兔里的宋国人,就是犯了这样的错误。

第二,从本性来说,人是拒绝改变的。当人们被迫做出改变的时候,会感到非常紧张,而且,面对突发或者新的状况,大脑需要重新思考,会耗费大量的能量。所以,为了减少能量的消耗,大脑干脆本能地拒绝改变。更神奇的是,一旦我们大脑决定保持现状,还会自己给自己加戏,强行给自己洗脑。

有些人明明被骗了还安慰自己,所谓的"花钱消灾"就是这个道理。

隐性逻辑无处不在,它总是在潜意识里发挥作用,所以,总是做出正确的决定并不是一件容易的事情。

隐性逻辑在生活中的应用

心理学上有一种说法,叫"孕妇效应",说的是:当你怀孕了以后，你会发现满大街都是孕妇。

当我们的关注点集中在某个因素爽，就会产生一种"这是普遍现象"的错觉。有句话说得非常贴切，当你是一把锤子的时候，你看谁都像钉子。这是我们心理逻辑的一个习惯性错觉。

其实，当人们在思考问题和认知客观事物的时候，也存在"孕妇效应"。当你内心坚信某个固有观点的时候，你会只关注符合自己观点的那部分内容，从而忽略其他反对意见。

《隐性逻辑》把这种心理逻辑称之为"验证偏见"。作者讲了斯坦福大学做过的一场著名的心理学实验，参加试验的人中有的支持死刑，有的反对死刑。心理学家请他们同时读两篇文章，一篇支持死刑，强调死刑的作用；另一篇则反对死刑，并举出了案例证明。试验的结果表明：几乎所有人能记住的都是符合自己观点的内容，对反对自己观点的事实和论据视而不见。

所以，在生活中，我们总是认为自己是对的，容易犯先入为主、以偏概全的毛病，很难接受不一样的观点，更不愿意接受批评和反对，还喜欢为一些小事争论不休。

还有一个神奇的隐性逻辑，叫知觉对比。

曾经有心理学家做过一个实验：桌子上放上三杯水，一杯温水，一杯冷水，一杯热水，先将手放入冷水中，再放回温水中，实验者会觉得温水热；先将手放入热水中，再放入温水中，实验者会觉得温水凉。同一杯温水，之所以会产生两种不同的感觉，是人的大脑感知规律决定的。将"知觉对比"的心理影响作用运用到生活中去，就会产生神奇的效果。

当我们逛超市买牙膏时会发现，有的牙膏很便宜，几块钱，有的很贵，几十块钱。为什么贵的牙膏会贵那么多？抛开品牌的加持之外，这些贵的牙膏，普遍都号称自己具有某种功效，消炎、去火、增白、清新口气、防牙龈出血，等等，五花八门。

但是，用了这些功效牙膏后，效果真的有牙膏厂商宣传得那么好吗？并没有。

因为，无论哪一种牙膏，只是刷牙的辅助用品，主要成分都是摩擦剂。它们都是通过清除菌斑达到保护牙齿健康的目的，并不是消除各种口腔疾病的法宝。几块钱的牙膏和几十块钱的牙膏，所含成分几乎都是一样的。

这些"功效牙膏"，其实没有什么作用。有时一些口腔问题，可能只是身体出现疾病的表现。牙膏不是药物，达不到治疗的效果。

所以，面对同样的东西，我们很容易被干扰，从而被商家利用，花不必要的冤枉钱。

那么，了解这些隐性逻辑，有什么用处呢？

了解"隐性逻辑"，能更客观地认知世界，避开思维陷阱和思维漏洞，帮助我们在日常生活、工作中，甚至是面对人生选择的关键时刻正确思考，做出更好的决策，成为更好的自己，过更好的生活。

那么，如何避开隐性逻辑呢？

第一，认清和摆脱盲人效应和盲目放大的心理影响。

人很容易被自己的固有思维模式束缚，从而无法接受新观点。因为，大脑一旦形成了一种观点，就会用现有信息来支持这个观点，并销毁所有质疑这个观点的信息。这个时候，人就很容易陷入盲人效应的陷阱，那些不想看到或者接受的信息都不会被看到和接受，那些想看到的或者愿意接受的信息就会被放大而看得更清晰，更容易被接受。而且，个人的自我意识也很容易被模式化，形成套路，导致大脑在思考过程中会轻车熟路地按照那个模板进行，拒绝交换其他思路。

就好比，当我们希望一件事情发生的时候，明明这件事情只有 0.001% 的可能性，但我们通常会觉得它的概率是 1%，并愿意为之付出 1% 甚至更多的成本。当不希望一件事情发生的时候，那怕只有 0.001% 的可能性不发生，为了消灭这种可能性，我们却愿意付出 1% 甚至更多的成本。这种放大心理，恰恰是我们人性的弱点，思维模式被束缚之所在，也是保险行业和彩票行业这么赚钱的原因。要破解这一点，除了给自己多一点时间思考外，我们还应该时刻对自己的直觉和感受抱有怀疑与批判，打破原有的观点，重新审视新的论证，再去做出判断和选择。

要知道，观点错误的人往往会坚信自己是对的，因为他陷入在盲人效应和盲目放大的心理当中。养成这种检索自己的感受与情绪偏差的思维习惯，会让你在做决定时更自信和坚定，让决策更准确。

第二，懂得留白，用逻辑力对抗冲动。

隐性逻辑发挥作用时，往往是人的理性脑在偷懒的时候。所以，我们在做一些重要决定时，一定要认真、冷静思考，审慎抉择，再给出答案。

遇到困难的选择时，要学会给自己的情绪留白。人在心情不好的时候，做的决定也不会好。接下来，用逻辑力对抗冲动，多进行逻辑思维的训练，永远给自己留有一把理性的利剑。你可以通过做 SWOT 评分的方式来帮助你做决定。比如你犹豫着要不要换工作，这时就可以将换工作或者不换工作的优势、劣势、机遇、挑战一一列出来，分别打分，再对比两种情况下的总分。通过这个方法，相信会让困难的决定变得简单一些。

第三，洞见事物的本质和规律，把核心问题当作撬动一切的杠杆点。

作为湖南人，我一直很喜欢两个老乡，一个是曾国藩，一个就是毛泽东。在世界战争史上，很少有像毛泽东这样的军事天才。然而，毛泽东没有上过一天军校课，却用兵如神，为什么？

因为他能够把握战争的本质与规律，抓住主要矛盾，并利用其超强的实践能力在每场战争中熟练应用。

透过表象看本质，抓住本质找规律，运用规律改变世界。这是唯物辩证法的观点。在唯物辩证法的影响下，毛泽东喜欢用它来分析一切事物，找出它们的本质与规律，抓住核心问题。

《毛泽东选集》开篇第一段："谁是我们的敌人？谁是我们的朋友？这个问题是革命的首要问题。"这段话是毛泽东思想的精髓，搞明白这几个问题，革命事业的绝大多数问题就都解决了。

找到本质和规律，把核心问题当作撬动一切的杠杆点，解决问题也就简单了。

对于战争，毛泽东也是如此。他创造了"十六字诀"：敌进我退，敌驻我扰，敌疲我打，敌退我追。这种作战方式颠覆了古往今来的胜败标准，凭借着小米加步枪，一步步发展壮大，建立了新中国。

在生活中，如果要处理复杂问题的时候，我们也要集中力量紧抓重点，解决主要矛盾，这样就不会被隐性逻辑所干扰。推荐一个很好的工具——"逻辑树"。它可以让情况变得明朗，以一种视觉化的方式，让解决步骤清晰可见，形成有秩序的树干和树枝。

逻辑树，可以帮助人们在处理问题的时候，解决三个问题：

一是把核心问题清晰地勾勒出来；

二是把核心问题与次要问题区分开来；

三是找到多种解决途径，如果一种方法不行，随时再尝试另外一种。

所以，我们可以通过持续问"为什么"的方式去抓问题的根源，让解决方法视觉化成为可能；也可以用问"怎么做"的方式，穷举所有可能的答案，找到核心问题，最终解决问题。

第四，在趋势之上，建立更多更高认知框架的连接。

人是社会性的动物，我们很容易受外界的影响，很难做到与世隔绝。

工作十几年以来，深刻认知到一点：人与人之间是通过认知的框架来建立连接的。学会关注趋势，和更高认知框架的人在一起，往往可以快速提升自我认知边界和高度。就如有句话所说，和优秀的人在一起，你就会变得优秀。

即使你不能拜一个"决定高手"为师，至少也要把自己放在一个拥有更高势能的环境当中。在这样的氛围下，你将更容易发挥出潜能，降低犯不必要错误的概率，你的思维方式也会变得越来越成熟。毕竟，你身处趋势的风口浪尖，遇到的坑，碰到的难题，要么是身边人都能帮你解决的小菜一碟，要么是最新最前沿的。当你建立了尽可能多的高认知框架的连接后，就像和武林高手切磋武艺一样，成长速度自然加快。正因为如此，很多人去北大旁听或者当保安，混得风生水起，也是同样的道理。

所以，一个人变得优秀的最好方式，就是把自己放在趋势之上，建立更多更高认知框架的连接。然后，美好的事，自然就会发生。

隐形逻辑

主宰和影响我们思维方式的，往往是一些隐性的逻辑。

1. 认清和摆脱盲人效应和盲目放大的心理影响

2. 懂得留白，用逻辑力对抗冲动

3. 洞见事物的本质和规律，把核心问题当作撬动一切的杠杆点

4. 在趋势之上，建立更多更高认知框架的连接

好的 idea 无处不在

　　如今是一个创意时代，好的想法，往小了说，可以改变一个人的生活；往大了说，能够改变整个世界。有时候，好的想法也许只有几个字，但是效果却胜过千言万语。我记得以前开车走京石高速，快要出北京的时候，高速公路旁边的广告牌上，有一幅巨大的房地产广告，图片我忘记了，但文案我却一直记得：再开五分钟，又省一百万。简单粗暴，却直接有效。

　　那么，为什么有的人总能拥有一些好的想法，有的人却不能呢？难道资深创意人更聪明吗？当然不是，只是因为他们掌握了创意的技巧。我是一名坚定的方法论者，所以，创意是技巧，也是手艺。那么，创意这门"手艺"要如何习得呢？

后来，做广告的一个朋友给我介绍了一本书，号称是创意圣经，也是创意人的必读书。这本书叫《创意》，新版改名为《创意的生成》。看完这本书，我觉得，有答案了。

我在出版行业从事了十年，如今转战知识付费，同属文化创意行业。对这一行来说，创意就是生命线。有了好的思路和想法，就可以化腐朽为神奇。比如《自控力》一书，这本书在国外销量很一般，原书名翻译过来就是"意志力的直觉"。不过，我们花了很低的价格就购买到它的版权。当时我们的真实感受不外是，时代太快，人们的自控力稀缺，同时，心理学和名校公开课在网络上火得一塌糊涂。到了国内，自控力这个说法也很本土，于是这本书就改为《自控力》，此外，我们醒目地体现了"斯坦福大学最受欢迎的心理学课程"的卖点。之后，这本书卖了几百万册，成为了超级畅销书。

由此可见，超级好的创意和想法，来源于对现实的洞见，最终创造了奇迹。

再分享一个特别精彩的案例。

在美国的北卡罗莱纳州有一家小珠宝店，没什么名气。为了打开局面，在冬天来临之前，珠宝店的老板想了一个好点子。他打出了促销广告：如果圣诞节当天下了超过三英寸的雪，在感恩节后的两周内在本店购买了珠宝的顾客不但可以保留珠宝，同时还能得到全额退款。

珠宝店所在的小镇很少下雪，但有这样的好事，大家当然都想来碰碰运气。于是，广告发出后，很多人慕名而来，就连500英里之外的小镇居民都得到了消息，专程来购买珠宝。到了圣诞节那天，小镇不但下了雪，而且雪足足积了6英寸厚。几天后，天气放晴，珠宝店门外排起了退款的长队。老板说话算话，给每位顾客都退了款，其中一天的退款金额就高达到40万美元。

你可能觉得：这个老板是不是脑子进水了？有钱没地方花吗？但是，老板可没有你想的那么简单，他的好点子才进行了一半。退款之后，他就拿着保单去找保险公司，获得了丰厚的理赔。原来，在美国有一种天气保险，也就是说，你可以为今后某一段时间的天气投保，如果到时出现了极端天气，就可以获得赔款。这样一来，珠宝店老板并没有损失多少钱，还获得了不小的名气。

老板尝到了这种方式的甜头后，接着策划了一系列活动，比如"结婚当天如果下雨婚戒免费送"。在其他珠宝店还在用传统渠道打广告或者打折促销之时，他另辟蹊径，和天气玩起了对赌。CNN把这些促销活动放在新闻里，又为他带来一波流量，让这家珠宝店名气大振。

故事中的珠宝店老板，将保险和销售结合在一起，让保险为自己买单，堪称创意天才。

那么，什么是好的创意？在我看来，好的创意必须符合以下四个条件：

1. 赚钱

没有商业价值、无法带来利润的创意不算好创意。

2. 简洁有效，直击人心

王老吉的文案"怕上火，喝王老吉"，已经成为了广告界中的经典。这个创意，至少值 1 个亿。

3. 可控性强，风险低

创意要尽量可控，不能时灵时不灵，也不能风险太高，否则会得不偿失。

4. 具有可操作性，可以落地执行

无法落地的创意只能叫想法，有计划、有准备、可以执行的想法才叫创意。

搞清楚了好创意的标准之后，那么，好的创意到底从何而来呢？

《创意的生成》的作者是美国的广告教父詹姆斯·韦伯·扬。这本书里的内容，最初是詹姆斯·韦伯·扬讲给芝加哥大学商学院广告系的研究生的，后来逐渐成了欧美广告学专业的必修课。针对创意的生成，这本书提出了一套完整的方法论，非常实用。

重新组合，就能造就好点子

曾有人问创意大师詹姆斯·韦伯·扬，你是如何想出那些美妙点子的？他的回答是：好的创意没有什么深奥的，把旧元素重新组合，就能得到新的好东西。很多时候，伟大的创意并非来自于全新的创造，将两种东西组合在一起，可能就是很好的创意。

甜筒冰激凌就是一个来自于意外的伟大创新。最早，冰激凌是装在碟子里出售的。1904 年，美国圣路易斯博览会上，一个叫汉姆威的点心小贩摆了个摊，卖的是波斯饼，吃的时候要加甜的佐料。在他的旁边，是一个冰激凌摊位。由于天气非常炎热，很多人来买冰激凌吃。很快，卖冰激凌的纸碟子就用完了，面对长长的排队人群，卖冰激凌的商贩十分焦虑。此时，汉姆威灵机一动，把薄饼卷成一个锥形筒，送给出售冰激凌的小贩装冰激凌，大受欢迎，被誉为"世界博览会冰激凌卷"，后来就发展成了现在的蛋卷冰激凌。

因此，当你遇到难以解决的问题时，不妨试着改变一下组合，说不定会得到意想不到的好点子。

那么，怎样通过重新组合得到好点子？

我们可以试着把眼前已有的东西拿出来，想象一下它们之间可能存在哪些联系。很多东西就是这样被发明出来的，电话加上显示器，就成了可视电话；大炮加上轮子，就变成了坦克。在我们的生活中，麦当劳也制造过一个经典案例。可乐，不是麦当劳发明的，汉堡也不是麦当劳发明的，但可乐加汉堡是麦当劳发明的。正式凭借着这个组合，才有了今天的麦当劳。港式茶餐厅里的面包诱惑也是，简单地把冰激凌球放在烤过的吐司面包上，就成了一道热门的菜式。在日常生活中，当我们需要创意的时候，可以采用创意组合的方式。

第一步，在一张纸的左边写下与问题相关的信息。无论是人、事物还是需要的技术，能想到多少就写多少，尽量详细。

第二步，在这张纸的右边写下目标对象喜欢的东西。在这个过程中，忘掉上一步写的那些东西，只需要全心全意地考虑哪些东西受欢迎。

接下来，就是见证奇迹的时刻。你可以看到，左边的词有：水盆、水龙头、衣柜、牛奶浴、按摩床。右边则有：松饼、帅哥、猫咪、美容、温泉旅行、精华液等等。

第三步，把第一步和第二步结合起来，造出有趣的词。比如水盆形状的松饼、精华液水龙头、附带温泉旅行的衣柜、带帅哥图案的按摩床。只需要几分钟时间，就想出这些奇妙的点子。虽然有些想法不太实际甚至有些荒唐，但依然能给你很多启发。

尽可能多地积累素材

好的创意不会凭空而来，一般都需要大量的思考和累积。"读书破万卷，下笔如有神"和"一万小时定律"就是这个道理。

生活中并不缺乏创意，人人都可以有创意，只是很多好的创意都淹没在生活的琐碎中了。为什么很多艺术家、设计师都要到生活中去寻找灵感，因为生活处处充满创意，生活本身就是由创意物品堆积起来的。所以，我们要从生活中找到灵感出口，永远对周遭的世界保持好奇心，日常多积累可供组合的素材，以便不时从中找出绝妙的好点子。

1. 在不同领域中汲取营养，拓宽思维的边界

在思考问题时，不要给自己添加太多束缚，而要有开放和包容的心态，乐于吸收不同的知识。虽然独立思考很重要，但仍然要多和人交流，很多好的想法都是在碰撞中产生的。

学会从另一个角度看问题，就可以突破思维定势。就像我们小时候玩过的万花筒一样。万花筒里面有很多小块的彩色玻璃，我们透过棱镜向里面看时，会看到多种变幻的图案。每转动一个角度，其中的小玻璃就会形成新的排列组合，形成新的图案。筒里的玻璃碎片越多，可能的排列组合就越多，你能看到的图案也就会更加丰富多彩。因此不要把自己锁在同一个地方，要给大脑不断补充新的知识，就像往万花筒里加玻璃碎片一样。只有积累足够多的素材，才能有创造更多好想法的可能。

2. 随时记录灵感

很多时候，创意来自于灵感，而灵感是稍纵即逝的，一转眼就忘了。而且，很多时候，灵感来得太不合时宜了。往往是你正要睡着了，或者正在上厕所，或者正在过马路，灵感突如其来。有些人可能觉得，好的想法记下来，过去也就过去了。然而，你漏掉的某个想法很可能会为你带来第一桶金，所以我建议你随时携带笔记本和笔——当然，手机也可以的，记录你的任何一个思

维碎片，每隔一段时间就整理一次。

养成随时随地记录的习惯，会让你的创意都在掌控之中，不白白流失掉任何一个灵感。很多好的素材和有启发的素材，我就是通过这种方法保存灵感的。事实也证明，这个方法给了我很大的帮助。做图书出版，常常需要想书名，很多书名就来自于平时的随时记录。一旦缺书名，我就查一查我的记录，看是否有可用的字词。

3. 不要急于将一个新想法"变现"

当你有一个新想法时，可以沉淀一段时间。一个零碎的想法并不能单独起作用，而是要和其他想法互相配合。比如你今天产生了一个想法，不知道该怎么应用，不要着急，先记下来。也许一个星期之后脑海中会出现一个恰好与前者匹配的想法。

卡片索引法是一种记录点子的办法。顾名思义，就跟图书馆里的索引目录一样。你可以制作一些统一规格的小卡片，每当想到一个点子或者看到一条有用的信息时，就把它记录在这些卡片上。每张卡片上只需要记录一条，然后再把卡片根据记录的主题具体分类。积少成多，当你记录上一段时间后，每个分类下都会有一些小卡片，方便需要的时候查询。有人可能会认为这种方式太传统，而且卡片会占空间。实际上，如果你用手机或者电脑记录也未尝不可。亲自动笔写下来的过程实际是加深印象的过程。

4. 多和行业外的朋友交流

我们经常会有这种感觉："我现在做的事情，外行根本不懂，只会胡乱挑毛病，我才不会听他们的呢。"在自己的专业领域当然要有这个自信，但有句俗语叫"当局者迷，旁观者清"。有时，从外行的角度恰恰能发现你看不到的问题。事实上，我在内容领域的很多创意，都来源于和外行朋友一次喝茶、一次吃饭、一次聊天的交流中。所以，外行的话也应该听一听，说不定里面就藏着好点子。

修正，让创意具备可行性

只有好点子就行了吗？当然不是。好的点子不但要足够新颖，还要考虑到是否符合当时的社会环境和客观条件，能否充分地执行下去，否则就只是空中楼阁，无法落地，不具备可行性。

上个世纪 80 年代，为了让用户可以在世界任何地方打电话，摩托罗拉开启了"铱星计划"。毫无疑问，铱星计划有实用价值，具有划时代意义。然而，因为价格高昂，"铱星计划"斗不过价格便宜的传统手机，最终退出了历史舞台，摩托罗拉公司因此大伤元气。

所以，好的创意虽然重要，但一定要契合现实、具备可行性，只有这样，才具有现实意义，能够解决问题。当你有一个好的创意时，不要急于变现，先冷静地考虑几个现实问题：创意变成现实需要怎样的技术？是否可以大批量复制？风险是否可控？市场能不能接受它？需要怎样的人员配置？你的资金是否足够充裕？虽然这些问题看起来很遥远，但真的很重要。

超级创意等于超级符号！

作为广告人出身的读客创始人华楠与华彬有一本作品，叫《超级创意就是超级符号》，我非常认同他们讲的一个观点：好的想法最后能够用一个好的、贴切的超级符号表现出来，能更好地起到画龙点睛的效果。我也非常喜欢他们坚持的一个观点，通俗表达就是："好的创意和想法从来不是天马行空的，而是在一定条条框框的基础上，有逻辑地推倒而来。"

因此，一个好的点子绝不是只停留在脑海里的一个虚无缥缈的想法，它始于框架，源于习惯，它是切实可行的解决问题的方案。而且最重要的是，你能够想办法实现它。

超级创意

　　创意就是生命线。有了好的思路和想法，就可以化腐朽为神奇。

　　1.重新组合，就能造就好点子

　　2.尽可能多地积累素材

　　3.在不同领域中汲取营养，拓宽思维的边界

　　4.随时记录灵感

　　5.不要急于将一个新想法"变现"

　　6.多和行业外的朋友交流

　　7.修正创意，一定要契合现实、具备可行性

和压力做朋友

压力，每个人都有，只是轻重不同。

房价疯涨如春笋，你的工资却稳如泰山；别人的事业风生水起，你的前途却一片迷茫；同学发小都结婚生子了，你却成为了剩男剩女，每天被父母催婚。

生活不易，面对这样的现实，唯有奋斗。你拼了老命，努力工作，你的事业开始有了起色，顺利升职加薪，终于过上了有车有房的生活。还找到了自己心爱的人，也有了孩子，看似走向了人生巅峰。

然而，养娃养房养父母，哪样都不容易，你不但没有觉得轻松，反而觉得压力更大了。

虽然压力令人焦虑，甚至会让人绝望，但是没有压力的生活也是无趣的。俗话说：井无压力不出油，人无压力轻飘飘。如果你正当壮年，却每天过着"采菊东篱下，悠然见南山"的日子，时间长了，你就会感到时间变得粘稠滞重，进而怀疑起人生的意义。

当你能够和压力共舞，也就掌握了生活的艺术。

在人们的潜意识里，总是觉得压力是有害的。压力会导致精神焦虑，加速衰老，引来疾病。所有的痛苦，都伴随着压力。总而言之，我们应减少或者避免压力。

一开始，我也是这么认为。随着时间的推移，我慢慢发现，压力并不是我们的敌人。

最近几年，很多人觉得在一线城市生活压力特别大，看不到未来，也没有幸福感，还不如回二三四线城市，过安逸的生活。于是，人们发起了一项活动，叫"逃离北上广"，引起了很多人的共鸣。但是，没多久，"逃离北上广"就变成了"逃回北上广"。

这种事情，我就经历过好几次。刚吃完送别饭，送朋友回老家，没几个月，他又回来了。

离开一线城市后，人们才发现，比起小城市的沉闷和无聊，他们更愿意忍受大城市的压力。

工作的这些年，我也遇到过很多人，甘愿放弃安逸稳定的工作，勇敢地面对未知，开创新的生活。

从北京、上海等大城市地铁中拥挤的人流里，我看到了压力，也看到了希望。

这些事情说明，人们在面对压力的时候，并非只是简单地趋利避害。心理学家认为，每个人都有一种冲动，这种冲动叫"实现潜能和自我价值"。也就是说，每个人都想成为更好的自己，去往更大的舞台，获得更大的人生价值。这种冲动，几乎成为了一种本能，驱动着我们不断向前。

这个过程，肯定会有压力。没有压力，我们就无法成长。如同一块好钢，需要历经千锤百炼。在职业生涯中，我们必须要勇于承受来自方方面面的压力，扛得住各种心理和生理方面的重负，经受反复不断的磨炼，才能成为可用之才。

最新的研究表明，改变对压力的看法，会使你更健康更幸福。处理压力的最佳方式，不是减轻或避免，而是重新思考它，甚至是拥抱它。

所以，我们的目标不是消除压力，而是管理好压力并利用好压力。

那么，压力从何而来？

在远古时期，我们的祖先就面临着巨大的生存压力。他们不但要面对猛兽的威胁，还要找到足够的食物，这样才能活下去。如今，我们要面对的压力和远古时期完全不同。一般来说，压力可以分为两种形式。

一种是客观压力，它是外在的，是客观条件带给我们的。

如今，社会节奏变得越来越快，单位时间内要完成的工作越来越多，压力的出现也变得频繁而持续。在过去，杀死一只猛兽足够吃上几天。而现在，工作似乎永远都做不完。身体应对压力的机制被频繁触发，久而久之，就会造成严重的问题。

美国切里流行病学研究所的一项跟踪调查表明，紧张水平高于常人的男性，约有 25% 会患上心脏病，且死亡率比正常人高 23%。在女性中，焦虑程度更高者，其猝死几率比其他人高了 23%。

不只是拼命工作的年轻人可能出现压力导致的心理或生理疾病，在人们眼中光芒万丈的老板，在压力面前也同样脆弱。创办了特斯拉的埃隆·马斯克，人称硅谷钢铁侠。在很多人眼中，埃隆·马斯克是一个不折不扣的工作狂人。他自己说："如果有一种方式能让我更多地投入工作，比如不吃饭，那我就不吃饭。我希望可以有办法不坐下来吃饭就获得营养。"

毫无疑问，埃隆·马斯克取得了伟大的成就，但是顶着这样巨大压力的代价是什么呢？有段时间，马斯克在推特上承认自己患有躁郁症。躁郁症是一种精神疾病。患者时而忧郁，时而狂躁，这两种症状不断交替出现，因此又称为"两极情绪病"。这就是外在压力带来的困扰。

还有一种是主观压力，它是内在的，来自精神深处。

在美国影片《火柴人》中，尼古拉斯凯奇饰演了一个职业骗子罗伊。影片一开始，刻画了一个衣冠楚楚、看起来无懈可击的骗子形象。他骗术高明，从未失手过，看起来风光无限。但他患有严重的心理疾病，是一个病入膏肓的强迫症患者。他的家总是光亮整洁，任何物品都要摆放在正确的地方。他经常洗手，每天要洗无数次。他关门的时候要关三次，同时在嘴里念叨"一二三"。

罗伊深受强迫症的折磨，但是这种病是哪里来的呢？在影片中，他对自己的心理医生坦白了内心的苦恼。他说："干骗子这一行并不好受，很多时候我们骗的是不该受骗的人，我常常感到很内疚。"这体现了他在行骗之后遭受极强的道德和良心谴责，内心发生了冲突。因为他总是戴着面具，唯恐被人看穿了骗子的身份，所以总是十分紧张。这种紧张的情绪就是内在的压力，让人无法正确地感知世界，总是感到悲观、失望和恐惧。

可见，过大的内在压力带来的心理疾病是非常严重的。在现实生活中，因为承受不住压力而自杀的人不在少数。

人人都有压力，完全没有压力的人生是不存在的。况且，压力真的一无是处吗？答案是否定的。压力虽然有很多坏处，但如果管理得当，就能带来奋斗的动力。

美国霍普金斯医学院医学博士、精神病学专家戈登·利文斯顿在《压力这么大，你该怎么活》里说："世界不会注意到我们永远无法愈合的伤痛，将沉重的压力压迫着我们，让我们屈服于它。迫使我们在无能为力与无所不能之间踩钢丝。但在这一切紧张害怕的过程中，沉重的压力同时也是我们强盛的生命力，生命力越贴近大地，就越真实存在，越有生存的价值与意义。"

也就是说，适度的压力对我们的成长是有益的。有心理学家认为，一定的压力会让人表现得比他原本能做到的更好。根据耶基思多德森定律，做任何事的动机都有一个最优的尺度。动机水平过高或者过低，都会降低工作效率，而适合的压力能够让人保持合适的动机，实现最佳的效率，保持身心健康。

因此，压力并非总是坏事。在压力刚刚到来的时候，我们会本能地觉得糟糕，感觉烦恼。但当我们克服了压力，解决了困难，就会增长信心，得到力量。

就像美国总统肯尼迪所说："在中文当中，危机这个词是由两个字组成的，一个是'危'，一个是'机'。由此，任何压力都挑战个人的应对能力和自我成长。"

如果我们能管理好压力，让它保持在适度的范围内，既会帮助我们成长，又不会造成身心的疲惫。

关于缓解压力、释放压力，我们平时能听到很多方法，比如把自己工作和生活的环境变整洁一些，比如放下压力，睡一觉、泡个澡，好好休息，比如找朋友倾诉、去 KTV 唱歌、去健身房锻炼。其实没有办法真正解决压力，无论怎么缓解，压力依然是存在的。所以，我们要学会正确看待压力，从而管理压力。

在《压力这么大，你该怎么活》这本书中，戈登·利文斯顿说:

"对抗压力的一大要素，便是停止为我们的不作为寻找理由……我更喜欢激励人们放弃被动，停止等待来自外部的答案，调动自己的勇气和决心，努力发现哪些改变会让自己更接近他人，更接近自己想要成为的人。"

被动地接受帮助很多时候不能真正解决问题。所以，要进行压力管理，最重要的是行动起来，解决带来压力的最本质的问题。

首先，要整理压力状况，对自己进行压力诊断。

很多人感觉有压力，是因为脑子里面一片混乱，没有条理，不知道从哪里下手。要做好压力管理，首先就要问问自己：目前我的压力有哪些？我最大的压力是什么？我最担心的事情是什么？有哪些事情必须做，哪些事情可以借助他人的力量完成？我应该从现在开始做出哪些努力来消除未来的压力？

最好用笔把这些问题和答案记录下来，有助于理清思路，有针对性地缓解压力。

其次，要学会在压力来临前做好准备。

丹尼尔·列维廷博士在TED演讲中分享了他的故事。

在一个寒冬的夜里，他开车从朋友家回蒙特利尔的家，却发现自己忘了带钥匙。他不能掉头再回朋友家，因为他第二天还要飞往欧洲，需要从家里拿护照和行李。在叫开锁匠来开锁还是闯进自己的房子之间，他选择了后者。他用一块石头砸碎了地下室的玻璃，进入了房间。结果睡了没多久就醒了，因为他不但要考虑去欧洲参加会议的事情，还要考虑在去机场的路上给房子的承包商打电话，让他来修理破损的窗户。在这样的双重压力下，他的脑子里一片乌云。因此当他到达值机柜台时，发现自己忘了带护照。于是他不得不在冰雪天里花 40 分钟回家拿护照，从而失去了自己的座位，只能蜷缩在厕所旁的座位上待了 8 个小时。他开始试图研究寻找一种方法，以预防这类糟糕事情的发生。

通过亲身经历，列维廷博士意识到，当一个人处于压力中时，会因为大脑分泌荷尔蒙而变得无法灵活思考。因此，要想避免造成压力，或者当压力到来时能够快速思考，我们应该事先做好准备。

举例来说，一个非常经典的做法十分管用：指定一个地方保存你容易丢失的东西。这个方法利用了我们的大脑中最古老的结构——海马体。这里储存的是最原始和固定的记忆。当你指定了一个地方保存小东西时，只要坚持这样做，当你要找它的时候，就一定会在那里找到。我们要记住，当压力来临的时候，大脑释放的荷尔蒙会蒙蔽我们的思想。因此，要想做到最好，就要学会预验。

最后，让压力发挥正效应，既然无法消灭它，就和它做朋友。

《自控力》一书的作者的新书《自控力：和压力做朋友》也被引进到国内了。和压力做朋友，非常贴切地描述了我们和压力之间的关系。

在《少年派的奇幻漂流》中，一开始，少年派认为老虎是一种威胁，毕竟是一头猛兽。后来，他和老虎发展出了一种相互依存的关系，最终相互依靠，到达彼岸。我们和压力的相处之道，也正是如此。

因为，压力已经成为我们生活的一部分，无法逃避，也无法将它抽离。我们承担压力，也在压力之中获得成长，实现个人的价值。为了家庭和我们所爱的人，我们愿意承担压力，愿意为爱奋斗。总而言之，压力的背后，正是生活的意义。

从生理的角度来看，压力对我们也是有利的。它完全可以成为我们的朋友。

在哈佛大学进行的一项研究中，研究人员让受试者将他们在社会压力测试中遇到的压力当成助力。如果你心跳加速，没关系，那是蓄势待发的表现。如果你呼吸急促，不要紧，那是为了吸入更多氧气。结果发现，受试者在面对压力的时候，不但不会紧张和焦虑，信心也增强了。

另外，这个实验还发现受试者在面对压力时生理反应发生了改变。面对压力时，典型的压力反应是心跳加速，血管收缩，所以长期的压力会导致心血管疾病。但在这项研究中，当受试者把压力反应看做是有效的，他们的血管就会放松，心脏仍在强力收缩，但心血管系统比较健康，精神也处于兴奋状态。如果你能做出这样的改变，就可以健康地活到 90 岁，而不会是在 50 岁时因为压力导致心脏病发。

我们要学会和压力握手言和。当压力让你心跳加快时，你应该这样想：这是我的身体在帮助我准备迎接挑战。当你如此看待压力时，身体会信任你的判断，而你的压力反应会更健康。如此一来，压力将变得不再可怕。

与压力做朋友

虽然压力令人焦虑，甚至会让人绝望，但没有压力的生活也是无趣的。

1. 整理压力状况，对自己进行压力诊断
2. 学会在压力来临前做好准备
3. 让压力发挥正效应，既然无法消灭它，就和它做朋友

第三种选择

　　工作这些年，我和身边很多人都有这么一个感触，选择比努力更重要。问题来了，什么比选择最重要？我的答案是，做出好的选择。那么，如何做出好的选择？

　　很久以前，我喜欢折腾数码产品，所以经常混数码论坛。当时的风气很好，会上网的人不是那么多，基本都是一些学生和白领。平时聊的是技术，气氛很融洽，我还在论坛里交了一些网友。玩家之间的交易一般都是先打款，款到发货。凭的是信任，基本也没有出什么事情。

　　后来，玩论坛的人多了，问题自然也就多了。有些买家打了款，却收不到货，要不然就是收到的东西有问题。卖家也很恼火，经常有人收到货后吹毛求疵，拼命压价，要不然就坏你名誉，让你的生意做不下去。这种做法，行话叫"到手刀"。

慢慢地，论坛变得乌烟瘴气。买家和卖家互相不信任，交易陷入停滞状态。甚至有些玩家失望地离开了论坛。

这个时候怎么办呢？论坛管理者也很着急，后来，他们就推出了一个方法——论坛当中介，买家的钱先打给中介，收到货没问题后，论坛再打款给卖家。

虽然论坛会收取一点中介费，但却相对完美地解决了卖家和买家之间的信任问题。慢慢地，论坛又恢复了往日的热闹。

再后来，就有了支付宝，"坛友们"也逐渐转战淘宝了。支付宝，是无比完美的终极解决场所。

之所以说起这件陈年往事，是因为今天的主题——第 3 选择。

我一直觉得马云的最厉害之处，是他开创了支付宝，让天下没有难做的生意。因为，做生意最难的就是信任。支付宝就是第 3 选择。

生活中，我们总是会遇到各种分歧和难题，常常为此焦头烂额。因为，人们遇到冲突时，都有两种选择。第一种选择，是人总想用"我"的方式，只想到自己的利益；另外一种选择，是对方想用"他"的方式，照顾和迁就他。无论怎么选，总有人不满意。

那怎么办呢？超越"他"或"我"的方式，设法找到更高明、更好的方法，从分歧中找到出路，从而解决难题。这就是第 3 选择。

鸳鸯火锅就是一种第 3 选择。如今，朋友同事往往来自五湖四海，口味并不一致。有人无辣不欢，有人喜欢清淡，不管选择哪种锅底，都是对另一方的忽视。于是，鸳鸯锅出现了。这样一来，无论是否能吃辣，都能在一起愉快地吃火锅。

经过这几年的实践，我觉得第 3 选择是一种伟大的思维方式，它是解决各种难题的关键思维。我们一旦掌握了第 3 选择这种思维方式，就能轻松解决各种难题和分歧。

在我刚进入社会的时候，我的思维方式很简单，看事情总是两分法，非黑即白，非对即错。

然而，慢慢地，我发现这个世界变得越来越复杂，人们之间的冲突也越来激烈。两分法让我处处碰壁。

我慢慢发现，要解决一些棘手问题，必须要彻底改变思路。

为了找到破局的方法，我看了不少书。超级畅销书《高效能人士的七个习惯》的作者史蒂芬·柯维的著作《第 3 选择》给了我很大的启发。

面对生活中的冲突和分歧，柯维苦心研究多年，提出了一个解决方法——第 3 选择。如果你肯花心思学习这个方法，那么你的思维方式将被彻底颠覆。以后，当你面对分歧和矛盾的时候，就能够游刃有余了。

通过不断实践和调整，我慢慢意识到，妥协、平衡、交易才是这个世界的本质。我必须要找到第 3 选择，才能更好地与这个世界相处。

关于第 3 选择，史蒂芬·柯维提出了三个要点：

- 每件事都存在第 3 选择，每个人都有第 3 选择的能力；
- 第 3 选择不是"听你的"或者"听我的"，而是寻找"我们共同的方法"。
- 要解决最棘手的问题，我们必须彻底改变思路。生命不是篮球赛，只能有一方赢球。让双方达到共赢、创造出一种新局面，才是解决问题的关键。

在传统的思维模式下，只有两种选择，而我们都想取得胜利，成为赢的一方，因此所思所想都是怎样击败对方。当你能够运用第 3 选择，就会转变观念，懂得倾听对方的意见，实现合作和共赢。

例如，甘地是印度人民心目中的英雄。他不是完人，他没有达成他的全部目标，但创造了第 3 选择——非暴力。他既没有逃避，也没有对抗，超越了常规思维，改变了几亿印度人民的命运。

有人可能会说，第 3 选择不就是共赢（或者双赢）吗？其实，第 3 选择包含了共赢，它比共赢更全面，强调的是一种打破常规、开创新局面的思维方式。共赢的出发点是，如何让双方都满意，而第 3 选择考虑的是，如何做出更好的选择。

我们可能会遇到无疾而终的爱情，可能会遭受离别的痛苦，可能在顺风顺水的时候遭遇迎头一击，还可能面临巨大的困难，不知道应该怎么办。就像我们每个人从小最恨的那个"别人家的孩子"一样，在现实中，几乎不存在完美的人和事。无论是在工作中还是在生活中，都或多或少地存在一些问题。我们每天要做的就是解决这些问题，这才是生活的常态。用好第 3 选择，就能超越你我，更好地化解冲突和分歧。

那么，如何做出第 3 选择呢？

洞见，见人之所见，想人之未想！

有时候，一个简单的第 3 选择能够解决复杂的难题。"维生素 C 之父"阿尔伯特·哲尔吉曾经说过："见人之所见，想人之未想，就是发现。"

1992 年，一种可怕的霍乱在印度兴风作浪。要抑制霍乱，饮用洁净的生活用水是关键。然而，要净化灾区的水源，不是一件简单的事情。为此，官员和医疗工作者相互指责，为灾区净化水的费用和难度争吵不休。就在他们争论的时候，一位名叫阿肖克·加吉尔的印度科学家却一直在思索如何以简单廉价的方式净化水资源。他知道紫外线能够消毒，便将一个普通的荧光灯泡放进一盆被感染的水里。结果，紫外线将水完全净化了。

于是，加吉尔发明出一种用汽车蓄电池即可维持工作的紫外线净水器。如今，这种紫外线净水器被广泛应用于世界各地，处理一吨水的成本只要半分钱。

阿肖克·加吉尔向我们证明，在普通的日常生活中，善于洞见，也可以产生非凡的第 3 选择。不需要天才的思维，也不需要刻苦的钻研，只需要见人之所见，想人之未想。

突破二元对立，拥有同理心与高位视角

成功守则中有一条伟大的定律——待人如待己，即凡事为他人着想，拥有同理心，站在他人的立场上思考。当你是一名员工时，应该多考虑老板的难处，多一些同情和理解；当自己成为一名管理者时，则需要多考虑员工的利益，多一些支持和鼓励；与人插产生争执的时候，要体谅别人的难处……

对于同理心，以色列哲学家肯·朗佩特的定义是："同理心发生在当我们在他人内心找到自我的时候。我们透过对方的眼睛观察现实，我们感受对方的情感，分享对方的痛苦。"

当你拥有了同理心，你会发现，别人的所思所想、喜好禁忌，你都能了然于胸。无论何种状况，你都可以从容应对。

拥有了同理心之后，我们还需要知道一个概念叫"高位视角"，所谓高位视角，就是把主观当作客观，把客观当作客观，突破二元对立，抽离自己看问题。

有一部电影叫《杨善洲》，讲述了云南保山地区的两个县，其中一个县是水源地，另一个县在水源地的下游。为了争夺水源，两个县的县长发生了争执，两地的群众也情绪激动，一场冲突即

将爆发。地委书记杨善洲赶到现场后，没有感到紧张和焦虑，也没有像通常一样急着去稳定群众情绪，而是提出了自己的建议：双方县长调换位置，去另一个县当几天县长，看看应该怎么解决眼下的饮水问题。两位县长交换之后，都体会到了对方工作的不容易，最后做出了共同决定，棘手的问题也迎刃而解。

杨善洲独辟蹊径，本质上是因为他能站在一个高位视角，能从主观中抽离出来，把客观当作客观。让县长互换位置，就是他在面临困境时做出的第 3 选择。

换位思考也是有局限的。它只适用于和你背景、地位差不多的人，或者基于基本的人性和大众心理。比如我们能够理解疼痛，因为我们都遭受过；我们也能够理解母爱，因为这是人类的大爱；编辑能够理解同行对于选题的判断标准，发行方能够理解其他销售的汇款压力，但是普通员工却理解不了老板的一些战略决定，那是因为所处的位置不一样。

这让我想起以前的一个笑话。古代一帮农民闲聊，想象皇帝的生活。一个农民说，皇帝肯定顿顿吃馒头，一个农民说，皇帝肯定天天吃饺子。在他们看来，馒头和饺子就是最好的食物了。显然，他们已经换位思考了，将自己的需求当作别人的需求。然而，这却是一种换位思考的错觉。换位思考虽然很重要，也很实用，但并不是万能的。所以，最为根本的还是在于我们面对问题的时候，能否时刻提醒自己跳出局限，拥有高位视角。看得全面，理解得透彻，更有可能迸发出第 3 选择。

自剖、自我设问，看见潜意识里真实的自己

第 3 选择的机会总是在我们周围出现，但我们时常把握不住，和它失之交臂。在平时的生活中，我们在和爱人或者朋友发生矛盾时，是否会不管对方的感受，固执地表达自己的想法？在工作中，面对同事的提案，我们是否会因为和自己的观点不一致而投出反对票呢？有人给自己提意见的时候，你是否会充耳不闻呢？所有这些，反映出的都是同一个对象：自我。只有主动面对自我，主动自剖，了解自我的需求，并且接纳自我，才能更好地做出第 3 选择。

所以，当我们遇到困难时，在做出选择之前，首先需要向自己设问，根据这些问题来理清思路，看见潜意识里真实的自己。你可以问问自己：当前面对的问题本质是什么？通常的解决办法是什么？我适合使用这些办法吗？想得到的结果是什么？面对问题有哪些准备？这些准备是否完善？是否为了解决问题付出了全部的努力？这样的努力足够吗？当这些问题都有了答案后，思路就会变得清晰起来。

有时候，不做选择，往往是最佳选择

很多事情，不是只有是或者否两种答案。其实，不做选择也

是一种选择。更多的时候，它往往会是最佳的选择。

我有一个朋友，他是一家创业公司的老板。在产品上线的关键时期，有一位骨干员工向他提出加薪的要求，说是因为有女朋友了，生活实在有点紧张。通常来说，对于这样的要求，做老板只有两种回应，要么同意，要么拒绝。然而，公司当时资金紧张，一旦给这个员工加薪，就很难不给其他人加薪，公司无法承担；如果不加薪，就很可能丧失一位得力干将，搞不好会影响产品上线。这时候，答应或者拒绝都不是好的选择。

朋友先是肯定了员工的工作能力，但也坦诚了自己的难处，希望员工理解。公司目前正处于成长的关键期，等产品上线后，公司资金宽裕了，他准备给公司所有人都加薪，希望他再坚持两三个月。

姜还是老的辣。作为一起创业的元老，员工对公司还是有感情的，他被老板的坦诚所打动，同意了他的建议。这位老板拥有第 3 选择的思维，突破了二元对立的局限。

很多事情都是如此。

我之前艰难地拉投资时，也是这样。

曾经有一个投资人要给我投资。我心里很纠结，接受吧，条件有点苛刻，不甘心；不接受吧，担心错过了这村就没这店了，而且公司急需钱。怎么办？我抽了一晚上烟，决定不做决定，先放几天再说。

结果，过了几天，我的思路清晰了，另外一笔更合适的投资也适时出现了。这时候，是否选择前一笔融资，已经变得不重要了。

作为一种更好的解决问题的方式，第 3 选择能够让我们更有创造力，能够提高工作效率，摆脱纠结。任何事都不是只有两面，一定存在着第 3 选择。当你能够熟练地使用第 3 选择来解决问题、化解矛盾时，就会发现很多让你头疼的事不再成为困扰，再烂的牌也可以打成一手好牌。你会由衷地感知到自由的快乐，以及思维的强大。

第 3 选择

在传统的思维模式下，只有两种选择，而我们都想取得胜利，成为赢的一方，因此所思所想都是怎样击败对方。当你能够运用第 3 选择，就会转变观念，懂得倾听对方的意见，实现合作和共赢。

1. 在日常生活中，见人之所见，想人之未想

2. 把主观当作客观，把客观当作客观，突破二元对立，抽离自己看问题

3. 主动面对自我，主动自剖，了解自我的需求，并且接纳自我

4. 有时候，不做选择，往往是最佳选择

成为人群中卓越的 5%

成为人群中卓越的 5%

"这个世界上大约只有 5 % 的人有愿望积累知识，了解过去。剩下那 95% 的人就是在活着，就是在生活。

——马东

赢家的策略思维

有一段时间，因为想做好"个人发展学会"的微信公众号，所以我一直在研究营销天才李叫兽。他为什么能在 25 岁就成为百度副总裁？他有什么过人之处？李叫兽的答案是一句话："我从小就知道做任何事情都需要策略。"

据说，李叫兽初中的时候打架很厉害，但他的身体条件很一般，也没有拜师学过武术。那么，他是怎么做到的呢？他知道自己身体条件一般，也没条件去学武，所以只能靠巧劲。他买了一些具有实战性强的武术书，自己跟着练体能、技巧和招式，慢慢就成了打架高手。

我把李叫兽微信公众号里的文章都看了一遍，受益匪浅，没想到这些文章居然出自一个二十几岁的年轻人之手，不由心生佩服。这也说明了，能力、智慧是思考的结果，常常思考、推理、实践、总结，必定能形成自己的一套思维方式。

拥有了策略思维，凡事追求策略和方法，你就能成为在人群中领先的那 5%。

人生是一个永不停息的决策过程。从小处说，每天什么时候起床，吃什么早餐，出门该穿什么衣服，都需要你做出决定。再扩大范围，你选择什么样的学校，从事什么样的工作，和什么样的人走入婚姻殿堂，更需要你深思熟虑。所有这些，都能体现出一个人的策略思维。当你做决定时，并非和周围的世界毫无关联，仅凭着现象提出一些想法。相反，你身边全是和你一样需要制定一系列策略的人。要想在人生战场中扩大赢面，就要拥有策略型思维，做出好的选择。

所谓策略，在汉语的语境里可以被分解成两个词：计策和谋略。计策指的是做事的方法，往往行之有效且独辟蹊径，同时经得起考验。谋略这个词探讨的范围就更大一些，除了近期方法，还有远期规划。因此，掌握了策略思维，不仅能解决眼下的问题，还能指引未来的道路。

接下来，我就结合我的经历，来谈一谈策略思维心路历程和心得。

之前，我看过一本书——《怪诞行为学》。书里有一个案例，让我印象深刻，到现在都还记得。

《经济学人》杂志在网站上放了一条订阅广告，列出了杂志的三种订阅方式：订阅电子版需要 59 美元，订阅纸质版需要 125 美元，订阅电子版＋纸质版需要 125 美元。

纸质版和电子版加一起，价格居然和只订阅纸质版一样。很多读者对这种定价方式感到奇怪，既然纸质版＋电子版的价格与单纯纸质版相同，干吗不选这个呢？于是，大部分人都毫不犹豫地选择了"电子版＋纸质版"套餐。显然，《经济学人》的营销团队非常精明，纸质版利润更高，他们更倾向于读者购买纸质版，他们发现若只给出前两种选择，很多人常常犹豫是该买便宜的电子版还是更贵但阅读体验更好的纸质版，但只要列出第三种选择，很多犹豫的人立马选择了它。作者对读者的这种行为给出的解释是：在选择商品时，多数人只有到了具体情境才知道自己想要的是什么，人们一般没有绝对价值的概念，只有在与其他商品进行优劣比较时才判断出商品的价值。

后来，这本书的作者在上课时，给 100 个 MBA 学生做了一个实验，重新验证了一下这个结论。在有三种套餐可选择的情况下，16 人选了电子版，0 人选了纸质版，84 人选了电子＋纸质版。在只有电子版和电子版＋纸质版两种套餐可选择的情况下，68 人选了电子版，32 人选了纸质＋电子版。

这种定价策略，在商界是屡见不鲜的。

最近发布的几款苹果手机就是一个成功案例。

刚发布的时候，很多人都很疑惑，为什么不直接发布 iPhone X，为什么要先发布一款 iPhone 8，这不是鸡肋吗？大家试想一下，要是没有 iPhone 8，只发布 iPhone X，人们肯定会说，苹果想赚钱想疯了吧，这么贵，还不是真正的全面屏。很多消费者可能就不会选择苹果手机了，只有不差钱的忠实爱好者才会考虑。但是有了 iPhone 8，对价格敏感的人要换手机的话，他就会想，iPhone X 太贵了，算了，不如买 iPhone 8 呢！这样一来，对价格不敏感的用上了最新旗舰 iPhone X，嫌贵的要更新换代就买 iPhone 8，各得其所，皆大欢喜。

中间插入一个过渡产品，推高旗舰销量，苹果的营销策略和产品定位，我只能说"服气"。

这是我对策略思维产生的第一个感受。我当时觉得，策略思维太厉害了，往往能左右人的决策，决定一个产品的生死。

我平时喜欢看一些自然类纪录片。在非洲，狒狒是一个战斗力很强的物种，一群狒狒基本上都是横着走，除了大象、犀牛、河马、鳄鱼这样的霸王，其他动物都不放在眼里，连狮子都不敢轻易和狒狒开战，更不用说人了。狒狒的臂力惊人，牙齿爪子很锋利，而且身体灵活，可以上树，要想抓住它，并不是一件容易的事情。

然而，对于非洲人来说，抓狒狒是一件轻而易举的事情。

非洲土著用的是一种奇特的方法。他们在一个小木盒里装上狒狒爱吃的坚果，盒子上开一个小口，刚好够狒狒的手伸进去。

然而，狒狒一旦抓住坚果，手攥成了拳头，就抽不出来了。

有人可能会说，狒狒真的是太笨了，松开手里的坚果，手不就可以抽出来了吗？然而，不肯撒手放下已经到手的东西，是狒狒的天性。非洲土著就是利用这种天性来捉狒狒，不但轻松，而且屡试不爽。

这个是我对策略思维产生的第二个感悟。做事情，多利用人类的天性，就能四两拨千斤。

我在磨铁图书时，与很多作者洽谈。针对不同的作者，我会采取不同的策略。

对于看重稿费的作者，我就和他谈版税和未来收益，用收入预期来吸引对方；对于在乎名誉的作者，我就和他聊推广营销策略，尽可能增加曝光的机会；对于看淡名利的作者，我就和他聊传播价值的情怀和使命感，用做事的初心来打动他；对于有些没出过书的作者，若是对出版作品没太大兴趣，实在搞不定时，我们就做一本假书送给他。当一本精美的书真真切切地放在他面前时，他很难不动心。最有意思的是，有一次，遇到一位上了年纪的作家，花了很多时间都无法说服他签约。我就带着设计师、拿着纸样去找他，先聊书的用纸，然后让设计师谈怎么设计这本书。最终，老作家因为从未受到过这样的待遇，聊得很高兴，也被我们的诚意所打动，最终和我们签约了。

通过针对不同的人采用不同的策略，我们总能争取到与各类作者合作的机会。很多人想打听我们是怎么做到的，其实，也就是这三点：以心换心，看人下菜，投其所好。就是这么简单。这是我对策略思维的一个实践，非常实用。

我一直跟自己说：凡事一定要讲究方法策略，如此，才能事半功倍，用最少的成本将事情做到最好。

无论面对人生的哪种局面，我们都需要掌握基本的知识，不出昏招。在耶鲁大学教授奈尔伯夫的《策略思维》一书中，就讲述了策略思维的奥秘以及我们在不同情况下可以采取的合理策略。

奈尔伯夫教授提到过一个"给猫拴上铃铛"的故事。在一座城堡里，生活着一群老鼠。他们没有天敌，在这里安居乐业，儿孙满堂。年老的老鼠们发出感慨：这里简直是我们的天堂。可是好景不长，一天，城堡里突然发出了一声尖利的猫叫。这是一只饿了很久的野猫，如果被它发现，一定会被吃掉。城堡里的老鼠们惶惶不可终日，陷入了深深的恐惧中。

这一天，老鼠们召开集会，讨论怎样才能对付凶恶的野猫。老鼠们提出了很多想法，都不可行。这时，那只曾发出"这里简直是我们的天堂"感慨的老鼠说："我们只要给猫的脖子上系上一个铃铛，就能凭借铃铛发出的声音躲避它了。"其他老鼠纷纷表示赞同，认为这个主意简直是太聪明了。这时，一只老鼠问道："那么，该怎样把铃铛挂到猫的脖子上呢？"

在哈佛大学的课堂上，有一位教授把这个问题抛了出去。这并没有难倒高材生们，大家纷纷各抒己见。有人说，老鼠们只要齐心协力做好一个陷阱，把铃铛放在陷阱里就好了。如果猫掉进陷阱里，就会触发机关，让铃铛拴在身上。还有人说，老鼠们应该选出一个敢死队，拿着铃铛前赴后继，直到完成任务为止。在大家提出了各种奇思妙想之后，教授又问："既然是这样，我想请问大家，有谁见过一只猫被老鼠挂上铃铛的呢？"

这个故事能够反映出一些问题。我们在面临生活和工作中的难题时，其实和城堡里面对野猫的老鼠差不多，为了解决问题，我们会设想很多办法，但都只是纸上谈兵罢了。策略只有在应用时才能体现出实际的价值。

下面，我就分享一些我过往感触深刻的方法。在这里，纯粹抛砖引玉，更多更好的方法还需要你我在生活中去实践、学习和调整。

注意"第一次"，因为人生很难有第二次机会。

"沉锚效应"是一个心理学概念。这个概念的意思是指，人们在做决策时，思维往往会被接受到的第一信息所左右，也就是说，我们很容易"先入为主"。

一位心理学家做了一个实验，他先让两位考生做一份考卷，并要求他们都只能做对30道题中的一半题目。其中，甲被要求尽可能做对前15道题，乙被要求尽可能做对后15道题。接着，心理学家让一组被测试者对甲、乙学生的聪明程度给评价。结果，大多数被测试者都认为甲同学比乙同学聪明。这个实验说明了，人们的决策判断会受到第一信息的影响。第一信息就是留在人们头脑中的锚定。

在生活中，如何利用沉锚效应，我个人有两点经验：首先要留给他人一个良好的第一印象，海飞丝广告中有句话："你没有第二次机会给人留下第一印象。"非常经典，也非常正确。每次和潜在的合作伙伴第一次见面时，于我来说都是一件无比庄重的事情，所以我都会习惯性提前做功课，通过各种方式了解对方的各种情况和信息。

其次，在给他人一些选择时，最好把你认为最重要的放在第一个。因为，就和动物把它看到的第一个动物认作母亲一样，人们总是对第一次或者第一个选择情有独钟。

不要做出头鸟，跟随老大或者模仿，或许是最佳选择。

当一个行业中出现一个遥遥领先的公司时，如果你是一家小公司的负责人，你该怎么办？

几十年前的松下就面临着这种处境。当时的索尼如日中天，体量大大超过松下。但是，松下通过模仿跟随领头羊索尼，吸收索尼的优点，弥补索尼的缺点，不断推出比索尼更好但价格更低廉的产品，一步步做大做强，一样成了家电巨鳄。

当你没有方向的时候，或者想要做得更好时，跟随或者模仿领头羊，或许是最佳选择，也是最稳妥的选择。宝洁作为日化大佬，也会模仿金佰利的尿布，以再度夺回市场统治地位。

跟在别人后面第二个出手，有两种办法。一是一旦看出别人的策略，你立即模仿，好比国内模仿苹果的一些手机厂商；二是再等一等，直到这个策略被证明成功或者失败之后再说，松下就是这么做的。在商业竞争当中，很多时候，等得越久越有利。不是有句话吗？起风了，猪都能飞；潮水退了，才知道谁在裸泳。

微变，新的陈词滥调让你一往无前。

当一个领域已经有一个或者几个大玩家的时候，我们是不是就要敬而远之，退避三舍呢？当然不是。在这种情况下，最能体现策略思维的重要性。如果找不到不寻常的策略，那么我们能做到的最显著的改变就是创新。创新就像是在一片平静的湖面上投下一颗恰到好处的石子，让水面泛起涟漪，涟漪叠加成浪潮。法国心理学家爱德华·波诺说：创新不一定是大变革，不一定需要颠覆性的原创，不一定是新奇、绝妙的。事实上我们更多的是需要通过持续的"微创新"、"小改小革"推动监狱工作的新发展、大成效。即我们需要的是"新的陈词滥调"。因为人性和需求是基本不变的，变化的只是形式。

在很多情况下，策略的本质就是博弈，而博弈的法则在于：向前展望，向后推理。如果处于优势，要乘胜追击；如果处于劣势，则要分块化解，各个击破。

当你和人合作的时候，要做好对方终止合作，甚至背叛彼此合作关系的准备。合作一定会有背叛。要觉察作弊并根据作弊节奏对作弊者进行惩罚，可利用提高不透明定律来增加被罚成本。

一定要梳理清楚合作博弈的终点或者引发终点的因素，然后再倒推作弊前的第二步、第三步，在倒数第三步的时间点制定新的博弈策略。

合作也是需要成本的，如果有人发现背叛成本低于合作成本时，背叛行为就会出现。这时就要给予一定的惩罚，让对方明白背叛并不是想象中那样简单的。就如《策略思维》书中所说的，在有必要的情况下，该以牙还牙就要以牙还牙。也就是说，无论是提出承诺还是发出威胁，都要做到，才能保证自身的威信。

有一种植物叫松露，它埋藏在地下吸收周围所有的水分，是依靠无所顾及地掠夺其它植物的资源来成为味珍之王的，所以松露旁边寸草不生。我们在这里讲策略思维并不是让你像松露一样，而是让你与万物更好地共生。在日常的竞争当中，你可以用策略思维设身处地地思考问题，分析一下如果自己是博弈的对方，会有怎样的办法和思路，然后针对这些思路给出反馈。愿我们都能走在正确的道路之上，做正确的事情，抵达理想的终点。

策略思维

　　所谓策略，在汉语的语境里可以被分解成两个词：计策和谋略。计策指的是做事的方法，往往行之有效且独辟蹊径，同时经得起考验。谋略这个词探讨的范围就更大一些，除了近期方法，还有远期规划。

　　1. 留给他人一个良好的第一印象
　　2. 在给他人一些选择时，最好把你认为最重要的放在第一个
　　3. 通过持续的"微创新"、"小改小革"推动监狱工作的新发展、大成效

做聪明的工作者

前段时间，我看了电影《绣春刀2》。

《绣春刀1》讲的主要是"打老虎"，干掉了魏忠贤。《绣春刀2》讲的则是"崇祯上位"，从高管逆袭成为大明王朝的领导。

片中的信王，也就是后来的崇祯皇帝，一直在暗中培植自己的力量，准备抢班夺权；为了早日上位，他在造船的时候做了手脚，差点淹死了他的哥哥天启皇帝；因为担心走漏消息，信王不惜下令杀掉一批知情者，包括他的红颜知己北斋。

对此，影片中说："喊着要改朝换代，却连个女人都不放过。"这个问题，如果你用领导思维来看，自然就明白了。

红颜知己虽然重要，但在天下面前，不值一提。要当领导，只能讲利益和大局。慈不掌兵义不掌财，分不清利益要害的，当不了大领导。

从这部电影，我就想到了一个概念——管理好你的领导。这个概念来自于《内向者沟通圣经》。里面有一句话，我一直都记得："你不必喜欢或者崇拜你的上司，你也不必憎恨他。但是，你必须管理他，这样他才能够帮助你取得成绩、成就，以及个人成功。"

如今，很多人很容易陷入一个误区。人人都在忙着自我管理、职业规划、健身塑形、学习充电，等等。为了吃一顿饭，我们愿意花好几个小时的时间来寻找和对比，只为找到一家满意的餐厅；为了一次出游，我们愿意花费几天的时间来做攻略；为了马甲线，我们每天都在健身房挥汗如雨；然而，对于决定我们前途的领导，我们却很少花时间和精力去关注和了解他们的思维方式。既然如此，你为什么要抱怨领导不赏识自己呢？

那么，领导的思维方式是怎样的？他们是如何考虑和看待问题的？什么样的领导才是好领导？

不但要努力工作，更要聪明地工作

我曾经听过很多人抱怨，我明明那么努力，天天加班，为什么领导却不赏识我呢？其实，刚毕业的时候，大家基本都是这么想的。以为自己努力干活，天天加班到很晚，领导就一定会器重自己。

其实，如果你刚毕业，职业生涯刚刚起步，此时的你毫无核心竞争力，也没有议价能力去谈条件。努力是你唯一的出路，多干活是没错的。

对于领导来说，也是喜欢这样的年轻员工，有干劲有激情，没有家事所累，干的活最多，拿的钱最少，而且也不敢抱怨，简直是员工的榜样。但是，如果你认为你干活多，所以领导就会栽培你，让你有更好的发展，那你就错了。

我有一个同学，做销售的，年年都是业绩第一。领导上司特别喜欢他，经常公开表扬他。然而，销售总监换了一个又一个，却始终没有他的事儿。虽然提成拿得多，但是他的底薪是销售里最低的，几年了一直没涨过，一到淡季就入不敷出。他觉得既然升职没希望，涨工资总可以吧。结果，和领导一谈，领导就和他讲情怀。最后，他又继续干了一年，后面有了机会就立马跳槽了，收入比之前好了很多。最搞笑的是，走的时候，领导还不信有愿意给他开这么高的价钱的公司。

人性本来就是自私的，凡事必定以自己的利益优先。作为领导，永远想的是花最少的钱，撬动最大的利润杠杆。能不花钱，就不花钱；能少花钱，就少花钱。领导那么忙，也有自己的思维盲区，更何况不是每一个领导都有远见。如果你不能有效地展现自己，不能让领导看到自己的可成长性和不可替代性，那么你很可能也只能碌碌无为地干到死。我们要承认人性的弱点，然后去接受它，最后要学会去应对。

所以，要想获得更大的发展，光知道努力是不够的。

努力，其实是一件没有门槛的事情，谁都可以做到。让自己拥有核心竞争力，变得无可替代，才是最重要的。做好你的本职工作，留点时间提升自己吧。让自己拥有职业上的核心价值，这远比努力更能带来利益。

对于领导来说，衡量一名员工的价值和地位，最简单直观的就是待遇。讲述一件真实发生的事情，让大家对领导思维有一个大概的了解。

某互联网公司，有一次人事手滑，把全公司的工资表上传到了群里。然后，大家吃惊地发现了一些工资表里的秘密。

第一，同样职位，在公司做的时间越长，工资越低。

一般人会认为，在公司待的时间越长，工资就会越高，然而，事实并非如此。杀熟无处不在，在职场也一样。你只要留意一下就会知道，老员工的工资往往还不如一些新员工。老员工，是前几年的批发价；而新员工，则是当下的市场价，你不给钱就招不到人。现实就是这么残酷，市场规律就是如此。

第二，拥有资源的职位，紧缺的职位，不可替代的职位，工资都高。

在公司眼里，谁稀缺谁的工资就高。毕竟，离开他们，公司有可能就玩不转了。

第三，前台岗位工资普遍大于后台岗位工资。

一般来说，销售、营销职位的待遇要好于技术、运营职位。公司的岗位可以分为成本部门和利润部门，成本部门尽量压缩开支，钱尽量往创造利润的部门倾斜。谁能给公司带来钱，谁就能赚更多的钱，这个也很好理解。

B站的技术大牛谦谦，独自一人开发了H5播放器核心组件，引起了众多程序员的惊叹。这样的实力放在BAT，工资翻几番绰绰有余。谦谦觉得待遇太低，生活都成问题，便去找人事，要求加工资，却并没有什么作用，他只好辞职。离职后，他晒出了工资条，工资居然不到5000元。这件事应该能反映出领导对后台员工的态度。

所以，大多数情况下，永远别指望公司主动给员工一个合理的价位。要想得到合适的待遇，就要了解领导是怎么考虑人力资源成本的，你要明确自己的筹码，然后去奋斗、谈判。

当然，在职场中，我认为从个人的长期发展来说，不要过分担心自己吃亏。计较太多，就会陷入斤斤计较，而忽略了自己的成长。让自己快速、持续成长，走向更大的舞台，变得不可替代，这才是最重要的，而不是到手的那点工资。

在公司里，你处在哪个位置？

几个月前，因为一件开除员工的新闻，我所在的群里议论纷纷。

事情是这样的。

有一家文化创意公司，业绩蒸蒸日上，准备两年后上市。一名进公司快两年的员工（业绩还不错，有才华也有能力）向领导提出加薪，声称如果不加薪就不续约了。结果领导的答复是：开除此人，公司补偿6个月的工资。

很多人表示不理解，合同还有几个月就到期了，为什么要开除他，还要赔偿半年的工资？不是给"N+1"就可以了吗？

最后，通过讨论，我们得出几条原因：

第一，一旦给一个人加薪，就很难拒绝其他人的加薪要求。这对于一个冲业绩准备上市的公司来说，是很不利的。

第二，这名员工提加薪的方式有点生硬，领导为了面子会做出开除的举动。

第三，这个员工没有优秀到无可替代或者影响全局的程度。只要公司的元老都在，核心盘就不会受影响。有些公司虽然员工流动率非常高，但依然能够处于上升态势，就是这个原因。其实，公司的核心盘可能也就那么几个人，只要有他们在，其他人的去留关系不大。

所以，升职加薪没有错，但要认识到自己在公司的位置和地位。贸然提要求，结果往往不能如意。

那么，如何知道自己在公司的地位呢？

一般来说，在一家公司里，一般有这么几类员工：

1. 核心资源掌控者、关系连接者

这类人要么掌握核心资源或者技术，要么能够打通重要关节。没有他们，就没有客户，公司就无法运营。

2. 利益互换者

比如甲方安插的关系户，持有股份的重要客户，等等。少了他们，利益会受到影响。

3. 核心管理层

这类人要么是元老，劳苦功高，要么就是知道公司太多秘密。

4. 骨干

他们是公司的核心盘，维持着公司的正常运转。没有他们，公司会陷入瘫痪。

5. 一般员工

相当于机器中的螺丝钉，虽然重要，但可以替换。

6. 外包人员和试用期人员、不稳定分子

这些人无关紧要，去留随意。这六种人，大家可以自我对照，看看自己处在哪个位置。

高薪，从来都是因为无可替代的价值。要成为公司核心盘的一部分，要么是特别能挣钱的，要么是特别能带人的，要么是团队的稳定剂，要么是催化剂，要么忠诚无比，要么是执行力强的，总要有一点是相对压倒性的不可替代的。说别的，全是扯淡。

另外，了解领导思维，你也就知道如何和领导谈升职加薪了。

在和领导谈话之前，你先掂量一下，自己是否已经进入公司的核心层面，无可替代了；或者，从利益的角度出发，拿业绩说话，比如领导给你定的今年目标一千万，你至少要做到一千两百万。如果你能满足两条里的任何一条，你就可以找个机会向领导请教，让他指导一下你的职业规划。不用你直接提，他也会懂的。如果不满足，你还是先放一放为好。

当你开始向领导学习了，升职加薪也就不远了！

员工和领导到底是怎样的一种关系呢？

在我刚开始工作的时候，和很多人一样，我认为员工和领导的关系是对立的，很简单，因为有利益冲突。要不然，为什么只给我开一千多的工资呢？员工赚得多了，领导自然就赚得少了吗！

随着职业经历的增加，我对领导的认知，也慢慢发生了变化。员工和领导虽然有利益冲突，但很多时候是息息相关的，一荣俱荣，一损俱损。一个人能当上领导，必定有过人之处，所以，作为员工，我们要把领导当作老师来看待，学习他们的优点。

我一直认为，三十岁之前跟对人，三十岁之后做对事，这句话说得很到位。

跟对人，你才能成长得越快，走得越远。"十八罗汉"跟着马云，一路奋斗，才有了今天的阿里巴巴，如今个个身居要位。一个好领导就像一位好老师，他在一定程度上会影响你的一生。

漫漫职场路，既要埋头拉车，也要抬头看路。怎么看路？向你的领导学习即可。

在职场上，我们会遇到无数个岔路口，但领导总能找到正确的路，避免走错路。他们知道如何快速到达目的地，避免走不必要的弯路；他们也知道，哪条路上有一个大坑，需要避开。

我们要学习领导的管理方式，学习领导为人处世的方法，学习领导好的心态和品质，观察他是如何抉择的，发现他的优点，了解他是如何一点点把公司做大的。

有一次，我和一个朋友聊天。他和我说起了他的领导。

刚毕业的时候，他费了老大劲才进了一家业内稍有名气的公司。结果，进去之后，他大失所望。作为一家私企，领导差不多就能决定公司的未来。然而，这家公司的领导实在乏善可陈，长得肥头大耳，气质像流氓混混，穿着打扮毫无品味，看起来像民工，而且言语粗俗，经常飚脏话，对员工也很抠门，新进来的员工工资都只有 3000 元，刚刚够生存。要说优点，只有一个，就是特别能侃，待人接物滴水不漏，公司客户都很喜欢他，与他称兄道弟。思来想去，朋友觉得在这样的公司待着没有什么前途，但是现在年底不好找工作，他决定混到过年就走。

干了一段时间后，因为工作需要，他和领导去应酬。结果，领导喝醉了，他就开公司的车先送领导回家，然后自己再打车回去。第二天，领导找到他，给他一百块钱，让他报销。他要给领导找零，领导笑眯眯摆摆手走了。后来，有好几次都是这样。

这时，他才发现领导的一个优点：绝不让员工吃亏。

还有一次，朋友经过领导的办公室，听见领导说着一口流利的美式英语在打电话。他向同事打听后才知道，原来领导是名牌大学毕业，在国外留学过，是早些年的海归。

年底了，公司开年会。领导穿着定制西装出席，气场全变，立马镇住全场。有眼尖的同事发现，领导手上戴着的手表值好几十万。领导做了一个开场演讲，袒露心扉，回顾公司这么多年的发展，展望未来。

这时，朋友放弃了辞职的念头，他觉得这样的领导值得学习和追随。

后来，他在公司待了三年。走的时候，工资已经是刚入职时的十倍。

最后，朋友总结了一句："通过这件事，我发现了一个道理，当你发现你领导的厉害之处的时候，也许就是你升职加薪的时候。"

关于如何向领导学习，我建议大家可以看一看《像老板那样思考》这本书。作者汤姆·马克特有 20 多年在宝洁和花旗的管理经验。在这本书里，你可以详细了解领导是如何练就统筹全局的领导思维的。

什么样的领导才是好领导？

那么，什么样的领导或者上司值得追随呢？

我曾经看到过这样一个判断标准，我觉得说得很有道理。

第一，能从他身上学到很多东西。

第二，不吝惜升职加薪。员工做到多好，就能给到多好。

第三，舍得给股票和期权的。

第四，能带领公司走向成功的。

如果是大公司，以上优先级从高到低排列；如果是创业型公司，以上优先级从低到高排列。

我的前领导沈浩波就是这样一个领导，他不但给了我很多帮助和支持，还给了我成长空间与思维格局，堪称一生的良师益友。

最后，我们还是回到电影《绣春刀2》。电影中还有段故事让我颇为感慨。男二陆文诏厌倦了打打杀杀，他决定换个活法。结果，逃离了战场这个修罗场，却进入了另外一个修罗场——官场。其实，人生处处都是修罗场。既然如此，我们不如在红尘道场中好好修炼吧，争取早日超凡入圣，造就圆满人生。让我们像领导一样思考，像领导一样去行动吧！

领导思维

　　作为领导，永远想的是花最少的钱，撬动最大的利润杠杆。能不花钱，就不花钱；能少花钱，就少花钱。领导那么忙，也有自己的思维盲区，更何况不是每一个领导都有远见。

　　1. 不但要努力工作，更要聪明地工作

　　2. 不要过分担心自己吃亏，让自己快速、持续成长，走向更大的舞台，变得不可替代

　　3. 一个人能当上领导，必定有过人之处，学习领导的优点

让思路回归本源

在现实生活中，很多人会有这样的疑惑，我很有想法，也很努力，怎么总是得不到好的结果呢？

为什么如此？因为你没有清晰的思路，你越努力就离目标越远，从而陷入了穷忙状态。它会榨干你所有的努力，浪费你所有的想法，让你得不到想要的结果，最终茫然无措，斗志全无，最后完全忘了自己曾有过的梦想，荒废了宝贵的青春年华。

生活中的很多难题，其实只要找到了思路，就可以迎刃而解。

拍集体照，最难解决的就是眼睛的问题：几十个人，甚至上百号人，"咔擦"一声照下来，总有一些闭着眼的。闭眼的人看到照片，自然不高兴："我 90% 以上的时间都是睁着眼的，你为什么偏偏就照了我闭着眼睛、没精打采的样子，这不是歪曲我的形象吗？"

如今这个形象大于天的时代，让大家都满意，很重要。

对于这个问题，很多摄影师的解决方案是：先喊"一……二……三"，再喊"茄子"。但一般人坚持了半天以后，恰巧会在最后关头坚持不住，闭上了眼睛。

有个聪明的摄影师想出了一个解决方法。他的思路是：请所有照相的人全闭上眼睛，听他的口令，喊到"三"的时候再一起睁开眼睛。果然，照片冲洗出来一看，一个闭眼的也没有，全都神采奕奕，比本人平时更精神。这下皆大欢喜，闭眼的问题也得到了圆满解决。

所以，思路的清晰明确，才能打开思维，清除思维误区的干扰，简单干脆地解决问题。

如果你想买人生中的第一辆车，但你对汽车一无所知，那么这时候，你是咨询已经买了车的朋友，还是找和你一样正准备买车的朋友？人们正常的思路是，找已经买车的朋友。然而，事实并非如此。

心理学家经过研究发现，找正在准备买车的朋友咨询是最合适的。然后，自己多去 4S 店看车试车，相信最终的选择不会让你后悔。

为什么呢？买了车的朋友，他肯定会推荐他的车型，或者是同品牌的车。因为没人会告诉自己的朋友，自己买的车不行，除非他的车三天两头出问题。而那个想买车，和你一样犹豫不定的朋友，才有可能提供更客观的评价。你们一起去买车，不但可以做个伴，互通有无，说不定还能拿到不错的折扣。

确实，世界上有很多事都是你认为对的，却不一定是对的。其实，很多事情不是你想象的那样。有时候，我们往往会被自己的主观思维所误导和干扰。

一个信佛的同事给我讲了一个佛学故事。

从前，有一个和尚跟一个屠夫是好朋友。和尚天天早上起来念经，而屠夫天天起来杀猪。

为了不耽误早上的工作，于是他们约定早上互相叫对方起床。

多年以后，和尚与屠夫相继去世了。屠夫上了天堂，而和尚却下了地狱。

和尚觉得很不公平，心想，我天天念经向善，为什么要下地狱？于是他向阎王申冤。

阎王听后笑了笑，说道："很简单。因为屠夫天天做善事，叫和尚起来念经；相反，你却天天叫屠夫起来杀生……你不入地狱，谁入地狱？"

和尚顿时哑口无言。

所以，很多事情，并非是你以为的那样。在日常生活中，我们必须要破除的就是混乱和错误的思维方式。我们要树立的，是清晰而精准的思维方式。

那么，生活中，是什么在干扰我们的思路？

第一，纷繁复杂的表象，影响了我们的判断。

有一部韩国电影，叫作《杀人回忆》，男主角是韩国的国民大叔宋康昊。这部电影很好看，推荐大家看一看。影片讲述1986年，韩国的田野边发现了一具已经腐败的女尸，生前曾经遭受过强暴。之后，相同手法的案件相继出现。警方对这类连环凶杀案毫无头绪，闹得人心惶惶。

警方决定成立调查小组去调查这个案件。宋康昊饰演的小镇警察和搭档接手调查。他们找到了很多证据，完成了一系列推理。比如经过总结，发现受害人都穿着红色的衣服，而且都是在下雨天遇害的。因此，调查小组决定选定一个下雨的日子，派出卧底去引诱行凶者。但是，第二天死去的却是另一名女子。

最后，一个极其符合作案特征的小青年成为最大嫌疑人，警方锁定了他，把他的DNA送往美国检查。然而，DNA检测结果并不能证明此人就是凶手。案件从此成为了悬案。

为什么他们在掌握了如此多的证据，在总结出了如此多的规律之后，仍然无法破案呢？我认为，恰恰是这些纷繁复杂的表象，变成了重重迷雾，而真正对破案有帮助的线索却被隐藏起来了。这些迷雾对于理清思路有很大的阻碍，因此我们要拨开迷雾，条分缕析，透过现象看本质。

第二，对核心问题无关的过度思考，扰乱了我们的思维。

过度思考不但浪费时间，还会增加思考的成本。要想改变过度思考的习惯，就要做到以下几点。

一、思考要适可而止。每次思考时，都要划定范围，不要过于发散。

二、要控制思考的时间。

三、要分清主次，避免胡思乱想。要把时间都放在最重要的问题上，按次序思考。

四、不要想得太多。有些时候，思考得太多，反而会干扰思路。

第三，出于自我辩护，人的思维会变得错乱。

人们总是说，这个世界，只有自己最靠得住。然而，事实真的如此吗？

俄国作家陀思妥耶夫斯基说过："人类非常偏好理论体系与抽象思考，为了证明自己的逻辑，甚至宁愿歪曲真理，否认觉察到的真相。"也就是说，人们只相信自己愿意相信的东西，而不是真相。为此，他们不惜无视常识，甚至篡改事实。

人是一种很奇怪的动物，不喜欢别人欺骗自己，却喜欢自己欺骗自己。

明明是你得不到的女神，你却自欺欺人，相信真心一定能感动天地，梦想着备胎有朝一日转正；明明前途迷茫，每天无所事事，却安慰自己平凡可贵；当天的任务没有完成，你却安慰自己，没关系，明天早点来做完就行。

心理学家认为，人容易先入为主，只凭自己的喜恶，不管是不是事实，只相信自己愿意相信的东西，只相信自己希望的真相。这种潜意识极其强大，像一双看不见的手左右着人们的思维和行动。

为什么会这样？因为这是人的一种自我防卫。我们总不能一辈子活在自我纠结之中。我们为自己的选择付出的代价越大，就越难以从中自拔。美国著名的电视节目主持人克里斯·马修斯在《硬球：政治是这样玩的》一书中写道："很多政治家明白，与其给别人恩惠，不如让别人给自己恩惠，越是往别人索取，别人越会对你忠诚。"这听起来很不可思议，但实际上非常管用。假如你为一个政治家投了票，捐了钱，要是他失败了，那就证明你是个傻瓜；要是他成功了，那就证明你有远见。所以，你会拼命地认同你挑选的那个政治家。

正因为如此，当喜欢的明星出现问题的时候，粉丝们甚至比明星自身更难接受这个事实。他们会跳出来，拼命地为偶像辩护，攻击那些指责偶像的人。其实，他们不是为他人辩护，而是在为自己的选择、自己的信念辩护。

第四，想法太多，却没有条理。

想法只是脑子里的点子，并不能马上落地，成为现实。只有把想法整理之后，才能解决问题。想法太多，就容易不成系统。想法在没经过验证之前，我们不知道它是否正确，而思路才是真正可执行的。杨绛先生曾经说时下的年轻人"想得太多而读书太少"，很多人同样爱犯的毛病也是想得太多，而深入思考太少，实践太少。如果只是浅尝辄止地想来想去，即便你有很多点子，充其量算是脑子转得快。想法不等于思路，只有形成了思路，想法才有价值。

那么，我们要怎样理清思路、排除干扰呢?

第一，要界定问题。

你要想办法抛开表面的次要问题，弄清楚真正需要解决的问题，这样才能针对它设计解决方案，取得最理想的结果。要找到核心问题，我们可以使用"五问法"。所谓"五问法"，就是用五个为什么，层层递进，通过表象找到问题的本质。

一个经典的例子是，当你发现自己的汽车无法发动了，就要问第一个为什么? 答案是汽车的蓄电池没有电了。再接着问第二个为什么，答案是发动机无法正常工作。继续问第三个为什么，答案是带动发电机的皮带断了。第四个为什么，答案是皮带已经超过了使用寿命。到最后一个为什么，你就会发现造成这种情况的最终原因，是因为你从来没有按时保养过你的汽车。

通过"五问法"，可以快速找到最需要解决的问题，帮助你理清思路。当然，我们在使用的时候可能不一定要局限于五问，应该抽丝剥茧，直到发现主要问题为止。

第二，构建逻辑链，确保结论的质量。

朱立安·巴吉尼博士认为: 思考时要用逻辑把事件串联起来，形成思路，得出正确的结论。因此，要想理清思路，就要构建一条清晰的逻辑链。要构建逻辑链条，有一个非常好用的工具，那就是金字塔结构。

所谓金字塔结构，是一种先提出结论，再由上至下的将论点和论据分组的思维模式。每个大的论点由几个论据支撑，每个论据下再进行细分。位于上部的是主要论点，再逐级向下延伸。这个结构的最主要特征就是从上到下地表达，但是思考时要自下而上地思考。

这样的结构能够突出重点，各级论点和论据层次鲜明，让人很容易理解。

我们的思维本质上就是把事物抽象化，再进行排序。而金字塔结构是先理清思考的顺序和逻辑，从主体发出枝干，形成完整的思路。只有这样，思考才能流畅。因此使用金字塔结构能为思考提供更好的逻辑链，让思路更加清晰。

第三，大声说出你的想法。

大声说出自己的想法，实际上是在脑海中重新整理思路。当你为了让说出口的语句保持连贯且符合逻辑，就会在说话时潜意识地重新把所有想法再思考一遍。这个过程通常难以觉察，但是当你把想法倾泻一空之后，往往会发现思路突然打开了。这就是潜意识在发挥巨大作用，前提是你要用语言表达出来。因为在脑海里默想时，这个功能并不会被激活。因此，大声说出你的想法吧，它会让你得到更清晰的思路。

第四，把握"第一性原理"，透过事物的底层逻辑抓取问题本质。

华尔街的金融交易部门，都有一个严格的规定：如果你不在工位上，哪怕只是离开两分钟去倒杯咖啡，你的电脑也必须锁屏，进入休眠模式，需要输入密码才能登录电脑。如果哪个员工违反了这条规定，第一次罚一个月工资，第二次罚半年工资，第三次就只能走人了。

可能有朋友要问了，为什么会有这种变态规定？请大家想想看，金融交易中心的电脑上，关联着多少交易？如果你忘了锁屏，万一清洁工或者一只流浪猫不小心碰了一下键盘，就可能会发生误操作，引发巨额交易。往往只要几分钟，上亿美金就会灰飞烟灭了。

这种过错会造成严重的后果，因此每个人都盯着旁边的同事，一旦有人犯错，就会被打小报告。无疑，这种做法一来会破坏同事关系，二来这么处罚，员工也有抵触心理。但是即便如此，这样的事仍然时有发生。很多公司都为这样的小问题而苦恼，但是有一家金融公司，只出台了一个不成文的规定，就完美地解决了这个问题。

这家公司是怎么做到的呢？

原来，这家金融机构来了一个新的CEO。他在一次例会上对大家说："如果你们再发现身边有人不锁屏，就登录他的电脑，以他的名义群发邮件：因为我忘了锁屏，要请大家吃饭。至于吃什么，你们随意点。"

从这之后，整个交易部门的员工都打起了十二万分的精神，看哪个人倒霉犯错。别说，还真有人往枪口上撞。公司员工都跟着沾光，吃遍了整个城市最好的法餐、日料、米其林餐厅，直到再也没人不锁屏。请客的人因为狠狠出了血，所以长了记性，不会再犯。更让人叫绝的是，被罚的人不会产生抵触情绪，还提升了部门的气氛。

于是，这个让各大金融机构棘手的问题，就这样被解决了。

为什么别人都做不到的事情，新的 CEO 做到了呢？因为他的思路很清晰，通过把握第一性原理，抽象化问题，他清楚地把握了问题的痛点——提出一种人们能接受的不忘记锁屏的方式，独辟蹊径，完美地达到了目的。

第一性原理的思考方式是从物理学的角度看待世界的方法，也就是说一层层剥开事物的表象，看到里面的本质，然后再从本质一层层往上走。马斯克认为推论应该从基本原理也就是本质出发，而不是类比中得出，这点很重要。正常情况下，我们都是通过类比得出推论来指导我们生活的。

毛主席说的"要透过现象看本质""凡事抓主要矛盾"，也正是这个道理。

在日常生活中，所有的问题都有它的底层逻辑，万事万物都有它的相同之处。比如要知道一个人的动机，就可以从利益这个底层逻辑来考量。同样，评价一个人，最好也应该是基于优点，而不是缺点。毕竟，人无完人。

　　总之，清晰的思路是通往成功的关键。我们不但要有好的想法，更重要的是把这些想法梳理成清晰的可执行路径。俗话说，思路决定出路。当你有了好的思路，就必定有更加闪耀的出路。

清晰的思路

　　思路的清晰明确，才能打开思维，清除思维误区的干扰，简单干脆地解决问题。

　　1. 找到核心问题，抛开表面的次要问题，弄清楚真正需要解决的问题

　　2. 理清思考的顺序和逻辑，从主体发出枝干，形成完整的思路

　　3. 大声说出你的想法，它会让你得到更清晰的思路

　　4. 一层层剥开事物的表象，看到里面的本质，然后再从本质一层层往上走

摆脱情绪黑洞

你现在的心情怎么样？是快乐还是难过，是平静还是激动？

也许，你觉得今天天气不错，风和日丽，适合出门郊游。在路上，你感到很高兴。可是没过多久，突然下起雨来，打乱了你的行程，你又感觉非常失望；当你处于热恋中时，和恋人相处的每一刻都让你欢呼雀跃，但当你失恋时，就觉得整个世界都是灰色的。

我们都有各种各样的情绪，这些情绪让我们的生活变得丰富多彩，有滋有味。然而，很多情况下，人们的痛苦与快乐，并不是由客观环境的优劣决定的，而是由自己的心态、情绪决定的。遇到同一件事，有人感到痛苦，有人却感到快乐，这完全是不同的心情使然。当我们遇到困难、挫折、逆境、厄运的时候，做好情绪管理，运用自我心理调节，就能使自己从困难中奋起，从逆境中解脱，进入洒脱通达的境界。

情绪是我们通向世界的桥梁。我们了解自己，就首先要了解、正确认知情绪，并管理好情绪。

在讲情绪管理之前，我们先要了解一个概念，什么是情绪？

从心理学的角度来说，情绪就是感觉，它不但能够影响我们的生理和心理，也能直接影响我们的思想和行为。情绪可以是呼吸、心跳或者内分泌变化引起的，比如我们心跳加快，就会容易兴奋，比如女孩子在大姨妈期间脾气会变得暴躁；也可以是认知、事实有了落差的结果，比如当我们考试没考好的时候，内心会难过沮丧。

在这里，我们要先明白一点，情绪和情绪引发的行为是两回事。比如愤怒和发脾气是完全两回事。愤怒是一种情绪，然而，发脾气却是愤怒引发的行为。情绪无好坏，然而情绪引发的行为却有好坏，比如两个人吵架，都很愤怒，但是一个人转身走掉了，一个人气不过，追上去杀死了对方。这种行为就是违法的、恶劣的行为。

理解这一点，是做好情绪管理的重要前提。

在认知层面，每个人都有两个体系。

一个是外在的体系，在这个世界上，我们需要认识宇宙、自然和物质，比如日月星辰、树木花草、江河海洋，比如房子、电脑、桌子、汽车。

除此之外，我们还有一个内在的体系，情绪就是内在体系的重要组成部分。我们需要了解和感知高兴、愤怒、恐惧、悲伤、嫉妒、兴奋和孤独。

然而，我们有太多人不了解自己的情绪，也没有能力管理好它。其实，情绪只是一种客观存在。我们对情绪的认知不成熟，它就会像洪水一样泛滥，吞没了自己，也影响了别人。只有情绪成熟，能够正确认知情绪，才有理性可言。

如果你是情绪的主人，你就拥有了两样能力，一是你可以抽身在外，不受情绪的影响；二是你可以自由地掌控和感知情绪，就如同你拥有自己的身体一样。这样的人，才能快乐，洒脱地活着。

我们可能都会控制自己的情绪，比如当你很生气的时候，只要没有失去理智，都会因为顾及别人而改用稍微温和的方式来表达。这虽然会让自己感到很压抑，但符合社会的规范。你这么做了，别人就会称赞你"懂事"。但是，一味地压抑和控制负面情绪，只能减少一定程度的伤害，从本质上说仍然是负面的。而情绪管理则不同，是让你调动起正向的情绪，从而带来积极的结果。

加利福尼亚大学的诺曼教授在 40 岁时得了一种病。按照经验来看，痊愈的可能性只有 0.2%。他的医生给他开了"快乐"的处方。他遵照医生的祝福，经常观看喜剧表演，笑口常开。久而久之，他成为了一个段子手，没事就和家人开开玩笑。两年后，奇迹出现了，他身上的病症竟然自然消失了。病愈之后，他写了一本书，名叫《0.2%的奇迹》，书中写道："如果消极情绪能引起肉体的消极化学反应的话，那么，积极向上的情绪就可以引起积极的化学反应……爱、希望、信仰、笑、信赖、对生的渴望等等，也具有医疗价值。"由此可以看出，情绪对人的影响是十分巨大的。

在探讨情绪管理之前，我们还需要改变认知。因为在心理学家看来，情绪其实无好坏。

很多人认为，情绪是负面的、消极的东西。毕竟，谁都想每天开开心心，一切顺顺利利，没有人想和恐惧、沮丧、难过、焦虑、愤怒为伴。然而，心理学家认为，情绪并无好坏之分，更无优劣之分。

其实，情绪并非就会带来毁灭和破坏，相反的，情绪的存在是为了让我们更好地生活。

如果没有恐惧，那么当一辆车向你冲过来的时候，你就不会本能地避开；如果没有愤怒，我们就无法表达自己的不满，保护自己的利益；如果没有嫉妒，你就不会努力，设法得到自己想要的东西。

因此，我们可以把情绪分成让人愉悦的情绪，比如高兴、激情、兴奋，和让人不愉悦的情绪，比如沮丧、焦虑、生气。但是，我们不能说某些情绪是好情绪，某些情绪是坏情绪。

总而言之，情绪就是情绪，无好坏之分。每一个情绪都有它的功能。比如，负面情绪是一种行动信号。失败的背后隐藏着这样的信息：你现在的做法不对。它会指引着你最终找到正确的路；比如，如果你感到孤独，那么说明内在体系在提醒你，你应该多和他人交往了。

所以，从现在开始，就请提醒自己养成好的思维习惯，每天认知情绪，并与它成为朋友。

那么我们应该如何做好情绪的管理呢？

第一，掌控情绪的心理开关。

情绪可以受自己控制吗？当然可以，但是要找对方法。像使用电灯一样，我们都应该掌握情绪的开关。在《情绪的力量：如何打开命运之门》这本书里，提供了一种行之有效的方法。你可以对着家里的电灯开关来想象，情绪也有类似的面板，上面分别标示着几种正面情绪和负面情绪，比如爱和恨是一组开关，幸福和沮丧是另一组开关。你可以随时选择一个或几个开关，体验不同的情绪对自身的影响。也就是说，你能决定自己在某一时刻的感觉。

比如你可以调到正向的心理开关上，对自己完全信任，对他人不抱有期待，这样反而更容易让他人对你赞美或鼓励；你也可以调到负面的心理开关上，这时就会变得沮丧，不相信任何事，这就让你知道，是时候做出改变了。掌握了自己情绪的心理开关，就可以随时进行调整。

第二，引导和利用正向情绪。

有很多正向的情绪，如喜悦，乐观，自信，热情等等，都能给人以力量，帮助你实现自己的梦想。当然，每个人对情绪的理解都不同，可能你并没有意识到积极的情绪能够带给你怎样的影响。还有的人因为接受的教育具有局限性，也会忽略自身的正向情绪表达。你要记住，越是快乐，就越能体验到灵感、富足、爽朗和宽容，也越想做个更好的人并帮助他人。因此，千万不要低估喜悦的力量和重要性。

还有些人认为，正向的情绪会让人放松，过于冷静是没有激情的表现。他们更相信"压力就是动力"或者"危机才是良机"。实际上，如果他们能够专注于正向情绪时就会发现，当心中没有焦虑，他们的精力会更充沛，也更有灵感。

体验负面情绪会耗尽你的能量，使你变得更沮丧，正向的感觉则让你充满热忱和创意。因此，我们要善于引导和利用正向情绪。

第三，摆脱对负面情绪的依赖。

负面情绪会让人产生依赖感，因为你会发现自己做任何消极的事都是合理的。

一旦失败了，就觉得自己是个 loser，而不是试着让生活变得好起来。

你失恋了，就刻薄地认为是你的恋人没有眼光和耐心，看不到你的好处。

你失业了，就把一切责任都推给公司和同事。

当你沉浸在负面情绪中，就学会了逃避，变得更加同情自己。但是，除了你自己之外，全世界都在离你而去。

第四，学会分辨情绪，不被负面情绪控制。

有些人能够把各种情绪很好地用言语表达出来，有一个专门的词来形容这种能力，这就是"情绪粒度"。这一概念是丽萨·福尔德曼·巴雷特（Lisa Feldman Barrett）于上世纪90年代提出的，指的是一个人区分并识别自己具体感受的能力。情绪粒度能够用来表示我们处理情绪的水平高低。情绪粒度高的人能够更好地表达情绪，因此就能更好地管理情绪。

举例来说，在遭受9·11恐怖袭击之后，有的人会说："我的第一反应是巨大的悲伤……紧接着的第二反应则是愤怒，因为对于这种悲伤，我们竟然无能为力。"有些人则会说："我感到一股无法被确切描述的巨大情绪。也许是恐惧，也许是愤怒，也许是困惑。我只是感到非常非常糟糕，太糟糕了。"

前一种人是高情绪粒度的，他们能够用具体的情绪词汇来标记自己所经历的感受。而后一种人则是低情绪粒度的，他们并不准确地知道自己经历了什么，只能用笼统的词汇来表达。如果只能感到糟糕，不知道自己所感受的情绪究竟是什么的人，更容易陷入一种"被情绪控制"的感觉。

因此，我们要培养自己的情绪粒度，学会分辨情绪，避免被负面情绪控制。

第五，运用专注的力量转换情绪。

在现代社会中，我们的生活因为科技的进步而变得越来越发达，因此情绪的改变也变得快速而无法预料。在过去，生活和工作的压力会让人情绪失衡，如今，生活和工作几乎可以无缝切换。因此，要让自己始终保持专注，才能随时改变心境，保持情绪的平衡。

我们可能会随时面临需要改变心境的情况。对于一些日常熟悉的事情，当然不需要刻意转换，但是如果面对的是一件不熟悉的事物，那么当负面情绪出现时，就很难立刻调整心态。要想更好地做到随时随地转换情绪，就要勤于学习。很多成功人士都有一套独特的应对压力和负面情绪的方法。

福布斯杂志曾经刊登过一篇文章，讲述成功人士是如何在巨大压力下保持冷静的秘诀。其中就有如何通过身体的动作来保持注意力的方法。

最简单的办法就是深呼吸，当你想要集中注意力时，先深呼吸几次，心境就会变得平稳。接下来，你要把注意力保持在呼吸的节奏上。可能开始的时候会下意识的因为其他事情而分心，这时就要把注意力拉回来，重新投入到保持呼吸节奏上来。这样坚持几分钟，你就会发现注意力变得更加集中了，会从一团乱麻中找到最亟待解决的问题，情绪也会变得更加积极。

除了深呼吸，还可以通过散步来缓和情绪，重新凝聚注意力。当眼前的问题十分复杂时，不如起来走走，或者从办公室向外看一看。这时可以做一些伸展运动，配合深呼吸，就会让情绪恢复正常。

第六，培养正向情绪的习惯。

说到习惯，人们经常会认为是生活里随处可见的芝麻小事。比如早餐时吃一颗煮鸡蛋加一杯牛奶，晒太阳时带上一顶阔檐草帽，或者提前十分钟去幼儿园接孩子。人们不了解习惯的力量到底有多大，因此往往不注意自己的习惯。

其中当然包括一些负面的习惯，比如爱吃油炸食物，经常久坐。你以为这些都没什么，直到检查身体的时候才发现，身体已经大不如前。而你每次嘴馋的时候就会想要吃一根炸鸡腿，这就是习惯。当你察觉到负面的习惯带来的不良后果，就要向正面的行为转换。当你下次又想吃鸡腿的时候，就要跟自己说：不要这样。不要变成坏习惯的受害者。那些用来吃炸鸡腿的时间，可以跑完五公里。

我们每天都可以在点滴中努力构建正向的情绪习惯，这就像锻炼身体一样，总要从细微之处做起。即便你没时间每天都去健身房，但是只要每隔一段时间就从电脑面前站起来，伸伸懒腰，做做拉伸运动，都会让你感觉更好。作家阿尔伯特·哈伯德说："快乐是一种习惯，要培养这种习惯。"

因此，培养正向的情绪习惯非常重要，这些习惯会使你变得更好。

最后，我想用美国作家哈尼鲁宾的一段话作为这一节的结束：

注意你的思想，思想会变成话语。

注意你的话语，话语会变成行动。

注意你的行动，行动会变成习惯。

注意你的习惯，习惯会变成个性。

注意你的个性，个性会变成命运。

情绪管理

　　我们都有各种各样的情绪，这些情绪让我们的生活变得丰富多彩，有滋有味。然而，很多情况下，人们的痛苦与快乐，并不是由客观环境的优劣决定的，而是由自己的心态、情绪决定的。做好情绪管理，运用自我心理调节，就能使自己从困难中奋起，从逆境中解脱，进入洒脱通达的境界。

　　1. 掌握情绪的心理开关

　　2. 引导和利用正向情绪

　　3. 摆脱对负面情绪的依赖

　　4. 学会分辨情绪，避免被负面情绪控制

　　5. 通过深呼吸、散步或运动等来缓和情绪，重新凝聚注意力

　　6. 培养正向情绪的习惯

简单，应对复杂的利器

年少的时候，我喜欢尝试，也愿意折腾，没吃过的都想吃一吃，没玩过的都想玩一玩，没去过的地方都想看一看，所以，我喜欢忙碌，喜欢出差，喜欢热闹，喜欢重口味，也喜欢选择多一些。从众多的选项中选出一样，有种一切尽在掌握之中的感觉。

如今，当我在这个社会摸爬滚打了十多年之后，我才发现，大道至简，简单才是这个世界的本质。我已经厌倦了出差，变得喜欢独处，饮食变得清淡，说话办事也变得越来越直接坦诚。对于我来说，能够有一个清静的晚上，把手机放在一边，静静地看几个小时的书，就是最大的享受。所以，回归纯粹，选择越少，排除信息干扰，简单直接，反而是一件好事。因为对我来说，时间才是最宝贵的东西。

在这个转变的过程中，我也越来越崇拜乔布斯。对于乔布斯来说，简洁是一种宗教，也是一种武器。他利用这个武器，带领苹果从濒临破产，一步步走向了全球市值最高。

那么，乔布斯是如何运用简洁这件武器的呢？这一切，都被写入了《疯狂的简洁》这本书里。

这本书的作者肯·西格尔，曾经担任过 NeXT（就是乔布斯第一次离开苹果时创建的公司）和苹果公司的创意总监，与史蒂夫·乔布斯一起工作了 17 年。

他在苹果的复兴过程中起到了关键作用。通过"简洁"这个视角，他发现了乔布斯以及苹果公司的成功秘诀。

我们处在一个信息爆炸时代，同时，这也是一个供过于求的时代。这也意味着，我们总是会被各种多余的信息干扰，总是要面对太多的选择。

这对于很多选择困难症患者来说，生活变得很纠结，人生变得很痛苦。

然而，简洁却可以让你的工作变得高效，生活变得轻松。运用简洁思维，可以高效处理问题，激发思维的火花，从而提升自己的工作效率，让生活变得更美好。

不知道大家注意到没有，从下半年开始，手机已经全面进入了全面屏时代。目前，市面上的全面屏手机，主流有三种方案。

一种以三星 S8 为代表，干掉了左右两面的边框。

一种则以小米 MIX2 为代表，干掉了左右和额头三面的边框。

一种则是以 iPhone X 为代表，直接干掉了三面半边框，只保留了中间的额头。

这就是苹果，对于简洁的极致追求，达到了无以复加的程度。因为以目前的科技水平来看，三面半全面屏已经是极限了。相信在未来几年，没有人可以超越苹果的方案。

简洁是人们对于苹果产品最直观的感受。

事实上，苹果创造的每一次历史性变革，都得益于"简洁"。

对于苹果来说，"简洁"不仅仅是一种热情，也不仅仅是一种理念，它已经超越了一切，成为一种信仰。

为苹果注入简洁基因的便是乔布斯。它已深入苹果公司的灵魂，指引着苹果员工，引发了一场又一场的科技革命。"一切始于简洁"也因此成为了苹果公司的核心价值观。

世界在变化，科技在革新，苹果公司本身也在适应变化，唯一不变的是"简洁"这个理念。如今，苹果的市值成为了全球第一，拥有超过 2600 亿美元的现金储备。

那么，为什么简洁有着如此大的力量？

因为从本性来说，人们更喜欢简洁。

当需要作出决定和判断的时候，人类总是会倾向于用直觉和本能去判断，选择最简单的方法。这一点在《思考，快与慢》书中有提到过。事实上，喜欢简洁的不只是人类，所有的生物都有同样的偏好，这是由生物的本能决定的。无论是人、狗、鸟、鱼，还是草履虫，都会倾向于简洁的方案。在一定范围内，选择越少，抉择越快，体验越好。所以，如果你能够理解、把握并充分利用简洁，就有可能在竞争中获得优势。

日本有一个外卖网站，每天只卖一款便当，每天更换菜式，价格也比较实惠。顾客只需要下载一个 APP 就可以直接下单。这个外卖网站一经推出，就大受欢迎。对于那些有选择困难症的人来说，这简直就是福音！很多顾客每天都会在网上晒便当，使得这个外卖网站的人气越来越旺。

现在，我们处在一个物质极其丰富的时代，各种商品琳琅满目，选择五花八门！然而，对于消费者来说，过多的选择是一件很痛苦的事情。所以，有时候没有选择，其实是最好的选择！这个外卖网站就是找到了这个痛点，提供了绝佳的解决方案，因而一炮而红！

简洁从而何来？

自从人类的文明诞生开始，"简洁"和"复杂"就一直在斗争。人的本性是贪婪的，所以我们总是渴望"多"，害怕选择太少。"多"会给人们带来安全感。就拿生孩子来说，以前人们的观点是多子多福，所以一生就是七八个。因为当时的医疗、生活条件差，所以多生一个，就意味着多一份力量，多一份希望。

所以，"复杂"它潜伏在每个人，包括乔布斯本人的心底，总是不断纠缠。所以，即使是那些思路清晰、智慧与常识并存的人，有时候也会放弃对"简洁"的执着。

为什么只有苹果公司，而其他公司就做不到简洁呢？这是因为，要做到简洁太难了，它需要深厚的美学、科技、设计、制造等作为功底，是一个系统工程，有可能你在设计上简洁了，但是操作却变得复杂了。它无法被预见，更无法被控制。从这方面来说，苹果的 iPhone 和 iPod 简直是完美的产品，去掉了一切不必要的东西，外观优雅，操作却很简单。

我看完《疯狂的简洁》这本书后，我才明白，即使是推崇"简洁"的先驱乔布斯，也有很多次差点拜倒在"复杂"的脚下，成为它的牺牲品。幸运的是，你可以从苹果公司身上吸取经验，利用"简洁"的力量，让自己的事业在"复杂"的世界里一枝独秀。

然而，"简洁"不会自动诞生。要做到这一点，需要很多条件。你要成为一个坚持原则的人，一个能抵御"复杂"的人，一个头脑聪慧且真心实意的人，从而将它转化成自己的一种天性。

那么，在生活中，我们应该如何做到简洁？

奥卡姆剃刀定律

奥卡姆剃刀定律，是一个古老的法则。它是由 14 世纪逻辑学家奥卡姆提出的。这个原理的核心内容就是一句话："如无必要，勿增实体。"即去掉一切不必要的东西。

苹果则是奥卡姆剃刀定律的忠实信徒。如果你去过苹果零售店就会知道，里面没有一样多余的东西，只有购物的空间，只摆放人们需要的产品。苹果从来不给商品以外的东西留出空间。

在做产品的时候，更是如此。乔布斯曾经说过："苹果只专注做一件事，不会为其他东西分神。"

在按键手机大行其道的时候，苹果石破天惊地推出了 iPhone，正面只有一个按键，去掉了一切多余的按键，主要操作都通过手指来进行，简洁到了极致。现在，苹果更是精益求精，iPhone X 直接去掉了 Home 键。

乔布斯在苹果推行精英小团队的理念。在他看来，人不在多，而贵在精。据说，乔布斯曾经在一次七八个人参与的小型会议上，当场要求一位女士离开，理由是"这个会议不需要你"。或许在我们大多数人看来，让她安静地坐在那儿听一会儿又能怎么样呢，难道会议室多了她一个空气就不够用了吗？但乔布斯就是这么不近人情吧，他只需要他需要的人，其他人不必出现。

在奥卡姆剃刀定律的推动下，苹果不断地颠覆人们的常规观念，推出革命性的产品。

所以，在日常生活和工作中，我们也可以遵循这个定律，去掉一切不必要的因素，务必让一切变得简洁。

抵挡诱惑，保持专注

这个世界上有着太多的诱惑。比如每当我想安安静静地看书时，就必须要抵挡住饭局、手机、更新的美剧、综艺节目、零食的诱惑。所以，坚持目标、保持专注便成为了一件难事。

Facebook 用一个简洁的"喜欢"按键就让大家表达出自己的态度。赞同或者喜欢你就点，不喜欢你就不点，简单醒目。而国内一家网站却非要弄出五个按钮来让大家表态——喜、乐、惊、悲、怒。这五种情绪，反而让人感觉无从下手。难道网站策划不知道"多一个选择按钮就会减少一千个用户"这个法则吗？答案很简单，因为我们很难抵挡"多"的诱惑。

在《疯狂的简洁》这本书里，我不但看到了苹果公司是如何利用简洁的力量去改变世界的，也看到了乔布斯是如何抗拒多的诱惑的。

乔布斯一生都喜欢简洁的东西，平时过的也是极简的生活。他的房子不装修，家里只有一盏台灯、一张旧餐桌和一台影碟机。房间里也没有沙发和椅子，只有一张垫子。大部分时间，他都坐在垫子上禅修。

后来，他就把这个理念融入到做产品的理念中，也就是：至繁归于至简。

1997 年，苹果已经接近破产了，无奈之下，管理层想到了乔布斯这根救命稻草，就把乔布斯请了回去。一回到苹果，乔布斯就大刀阔斧地砍掉了 70% 的产品。

在一次会议上，他在白板上画了一根横线和一根竖线，画了四个象限，分别写上"消费级""专业级""台式"和"便携"。四个象限构成了四款电脑产品，苹果只做四款，绝不多做。

乔布斯只用了一招——"专注"，就让苹果从 1997 年亏损 10 亿美元，变成了 1998 年赢利 3 亿美元，化腐朽为神奇。

乔布斯砍掉了一款当时很有名的手写设备——"牛顿"项目。乔布斯说，上帝给了我们十支手写笔，我们不要再多发明一个了。停掉"牛顿"后，苹果解放了一批优秀工程师去开发新的移动设备，最终做出了 iPhone 和 iPad。

所以，专注是一种伟大的力量，它能够让我们把事情做到极致。

对于我们来说，应该如何抵挡诱惑，保持专注呢？我有几条建议。

第一，当你需要专心做一件事的时候，最好关掉手机。

第二，减少你的任务。你的任务越少，你就越容易管理。

第三，学会批量处理。把一些相似的小事情攒到一起做，不要让小事影响了主要工作。这些事情适合批量完成：打电话、处理电子邮件、发快递、会见、上网查资料。

第四，集中精力于手中的事。吃饭的时候就好好吃饭，刷牙的时候就只是刷牙，从生活的小事开始，培养专注的力量。

少即是好，要事第一

打开苹果的官网，你会看到，苹果的笔记本电脑主要分为两条产品线，一个 Macbook Air 和 Macbook Pro，一个主打轻便，一个主打性能，主要有两种颜色。你很容易就能找到适合自己的笔记本电脑。

再打开戴尔的官网，笔记本电脑分为家用和商用两个产品线，光家用下面就有灵越系列、XPS 系列、外星人系列、成就系列，各种规格型号琳琅满目，让人眼花缭乱，无从下手。

所以，少即是好。有时候选择越多，未必是好事，反而会造成干扰。毕竟，每个人的精力和时间都是有限的。

然而，在现实生活中，我们总要处理繁多的事务。那么，如何梳理好个人事务，让一切变得简洁有序呢？

彼得·德鲁克在《卓有成效的管理者》里说过："大胆减少处理那些缠扰你的紧急事情，真会出问题吗？只要看看那些身患重病甚至于身有残疾的管理者仍能干得有声有色，就可知道这种顾虑是多余的了。"

第二次世界大战时期，号称"影子总统"的罗斯福总统的私人顾问哈里·霍普金斯就是如此。当年，他身患重病，差不多每隔一两天才能工作几个小时。这迫使他除了真正重要、生死攸关的事情，其他一概不做，但是他并没有因此而耽误事情，相反，在战时的华盛顿，他比任何人都更有成效。因此，丘吉尔称他为"驾驭问题本质的大师"。

所以，你应该排除干扰和诱惑，将自己的注意力集中到自己真正重要的工作上。为了做到这一点，你可以用这三个步骤来筛选事务。

第一步，选择你认为重要的事情。什么是重要的事情？符合自己的价值观、目标和理想，能够产生长远的价值和影响力，或者不赶紧处理就会出大事的事情。要做到这一点，需要你不断地筛选，最终得出自己的结论。

第二步，简化。既然选择了最重要的，自然也就有不重要的，而简化就是指去掉不重要的部分，把时间和精力花费在值得去做的事上。如果不做简化，什么事情都做，那你就会忙得像团团转，很快就累垮了。你要分清楚，哪些事情必须现在马上做，哪些事情可以搁置，哪些事情必须自己亲自做，哪些事情可以授权给别人做，哪些事情可以不做。

第三步，主要关注三件最重要的任务。每天晚上，给自己列一个清单，写上明天要做的三件最重要的事情。然后，第二天从早上开始，优先完成这三件最重要的事情。并且，你要确保三件事情中至少有一件与你的目标相关联。在完成这三件事情之前，最好不要做其他事情。只有这样，你做的事情才是对你有价值、能够产生积累的。

与其绕圈子，不如坦诚直接

在《疯狂的简洁》中，有这样一个观点，叫作"直率就是简洁，迂回就是复杂"，这是一种沟通方面的简洁思维。这个观点我很认同。我和很多成功人士打过交道，我发现，越是成功的人，目标越明确，说话办事越简单直接，不会拖泥带水，更不会绕圈子。这是因为，他们的时间都太宝贵，所以简单直接能够大大提升效率。行就行，不行就希望下次有机会再合作。

在职场中，很多人不太愿意表达自己的真实感受。而且，为了不破坏气氛，我们总是会考虑别人的感受。然而，对于乔布斯来说，这些都与他无关。他从来不会在乎气氛、他人的感受或友善度，在他看来，命令就是命令，真理就是真理。

所以，"直来直去""有什么说什么"，这才是最深层次的简洁。在工作中，如果我们不愿意批评，那么下属就无法成长；如果不直接提出要求，那么别人就会装傻；如果不开诚布公，就会导致流言蜚语；如果遮遮掩掩，就会把事情搞得复杂。反之，如果我们能够坦诚直接，那么大家就可以少走许多弯路，少花很多力气。

其实，相比于说谎、欺骗或者拖延，只要你足够坦诚，人们会更能够接受简单和直接。我身边就有不少这样的人，心直口快，但这样的人不但朋友多，而且事业也很出色。毕竟，和这样的人相处或者合作，是一件简单而愉快的事情。

简洁思维

　　简洁可以让你的工作变得高效，生活变得轻松。运用简洁思维，可以高效处理问题，激发思维的火花，从而提升自己的工作效率，让生活变得更美好。

　　1.抵挡诱惑，保持专注

　　2.排除干扰和诱惑，将自己的注意力集中到自己真正重要的工作上

　　3.在沟通上，与其绕圈子，不如坦诚直接

塑造你的影响力

去年十月，鹿晗和关晓彤公开恋情，直接搞垮了新浪微博的服务器，更让无数粉丝悲痛欲绝。这件事情，也让无数吃瓜群众大吃一惊，一个"九零后"的偶像，为什么能有这样的影响力？当年王菲离婚、范冰冰和李晨公开恋情的热度，比起鹿晗，至少差了一个等级。

我不由想到了几个月前的一件事。

当时，公司的一名女员工去剪头发。先说明一下，这位女员工是鹿晗的"死忠粉"。理发的时候，显示器里正好在播放鹿晗的节目，她正看得痴迷。造型师问她，是那谁，鹿晗吧？

女员工说，是啊。

造型师"切"了一声，说，娘兮兮的，不知道为什么那么多人喜欢他。

女员工当场就怒了，直接站起来要求店长换一个造型师。

气氛顿时有点尴尬。

店长赶紧过来打圆场，马上给她换了一个造型师。这才算压住了她心头的怒火。

说实话，作为一个"八零后"直男，我也不明白为什么鹿晗能获得那么高的人气。他没有代表作品，没有突出技能，长相在娱乐圈也不突出，这样的"三无明星"在娱乐圈不是一抓一大把吗？为什么他却火得不行？

其实，要回答这个问题，就要从科学的角度来分析。罗伯特·西奥迪尼是全球知名的影响力研究的权威，他对于影响力的研究成果，都集中在了《影响力》这本书里。看过这本书之后，再来看待鹿晗的火爆以及很多社会问题，就会多一份明白和通透。

所以，我们有必要了解影响力是如何运作的，从而通过影响力来改善自己的人际关系，塑造和发挥自己的影响力。

所谓影响力，就是一种改变他人的思想和行动的能力，也是一种独特的能力或者魅力，能够时时刻刻影响他人。在现实生活中，影响力发挥着重要作用。政治家运用影响力赢得选举，企业家运用影响力赢得市场，明星运用影响力打动观众，推销员运用影响力让你乖乖掏腰包。

其实，人与人的交往不仅仅是沟通与交流，更是影响力的对抗，不是你影响别人，就是你被别人影响。心灵导师拿破仑·希尔曾经说过："在别人的影响下生活着，就等于不属于自己，就等于被别人的意志给俘虏了。"只有具有强大影响力的人，才能成就自我，改变世界。

我本身就是一个创业者。支持我创业的原动力之一，就是想利用我从业多年来的经验和人脉，做出更有影响力的作品。随着时间的推移，我发现影响力不仅仅是一个结果，更是一种方法。在人生的任何阶段，影响力都能发挥作用，让你更从容地达到自己的目的。

那么，影响力是如何发挥作用的呢？

有一位印度珠宝商人，店里有一批绿松石珠宝一直卖不出去。珠宝商想尽了办法，还是没有效果。眼看这批珠宝就要砸在手里，珠宝商的心情很差，便决定出门度假。在出门之前，他给店长留了一张纸条，上面写着：把绿松石价格改为1/2。等他度假回来，发现店里的绿松石珠宝全部卖完了。他找来店长，问这批珠宝一共亏了多少，店长却回复说，没有赔钱，还赚了不少利润呢。原来，珠宝商的字迹太过潦草，店长把"1/2"错看成了"2"，于是把售价提高了一倍。结果，原本无人问津的绿松石，一下子就被抢光了。

珠宝商很纳闷，便去请教心理学家。

心理学家说，我给你讲个故事，你就会明白原因。

火鸡妈妈对小火鸡十分疼爱，每当小火鸡发出"吱吱"的声音时，火鸡妈妈就会用翅膀抚慰小火鸡，还会喂给它吃的。火鸡的天敌是黄鼠狼，每当看到黄鼠狼时，火鸡妈妈都会上前攻击。因此，有人设计了一个实验。研究人员先把一个黄鼠狼模型摆在火鸡妈妈面前，后者立刻上前猛啄。随后，研究人员又把能够发出小火鸡叫声的录音机放在黄鼠狼模型的体内，再次放在火鸡妈妈面前。火鸡妈妈本想上前攻击，但是听到黄鼠狼模型发出的小火鸡叫声后，令人难以置信的画面出现了。火鸡妈妈将这个假的黄鼠狼盖在了翅膀下，还想喂给它东西吃。之所以出现这种情况，是因为火鸡妈妈有一种本能的反应，只要听到了小火鸡的叫声，就会想要上前保护，无论它是火鸡还是黄鼠狼。

人类虽然是高级动物，同样也会受到这些机械化的反应的影响。经验，就是这样一种反应。比如我们都知道"一分钱一分货"的道理。这个道理是通过无数人的经验总结出来的，因此我们会无条件地相信，对于贵重的东西天然有一种信任。

所以，当绿松石的价格提高后，人们更愿意相信这是一种贵重的宝石，因此将其抢购一空。这就是经验的影响力，它发挥作用让我们产生了惯性思维，以至于盲目追求贵重，花了冤枉钱。

那么，影响力是如何运作的？我们如何才能增强自己的影响力，从而提升人际关系呢？

要回答这个问题，就要从影响力的六大武器入手。只要学会并灵活运用这六大武器，你也可以成为拥有强大影响力的达人。

第一，互惠原则。

互惠原则认为，我们应该尽量以相同的方式回报他人为我们所付出的一切。比如别人送你一份生日礼物，我们也应该在他过生日的时候买一件礼物回送给他。

那么，互惠原理是如何产生的？

首先，它基于亏欠感，别人帮助了你，你的内心便会产生亏欠感，会想办法回报对方。第二层原因来自于社会认同。如果你接受别人的帮助而不付出回报，就会遭到社会的鄙视。这两个原因，促使互惠原则成了人类运转的基本法则。

我们去超市的时候，经常会看到免费试用品，或者免费试吃的食物。顾客试吃了之后，有些人总会或多或少地买一点回去。这就是互惠原则在起作用。因为免费的东西像是一种礼物，当你接受了这种礼物，就会在内心深处产生一种轻微的亏欠感。这种感觉会促使你做出不寻常的举动，比如购买你不需要或者不喜欢的东西。

在我们的思维中，互惠的理念根深蒂固。有一个成语，叫作知恩图报。当我们接受了别人的帮助或者恩惠时，就会想办法做出回报。宋江之所以能够成为带头大哥，就是因为他总是在别人落难时施以援手。

那么，在日常生活中，应该如何运用互惠原则呢？

首先，我们要多注意观察细节，多关注对方的精神、物质需求。

比如我刚工作的时候，有个人缘很好的朋友和我说过一个故事。有一次，同事看到她的手机链，特别喜欢，问她在哪里买的。她说在家附近的地摊上买的。那个同事一听说离得特别远，而且还是不固定的地摊，估计也不好意思麻烦她代买，就失望地说了一句"算了吧"。朋友敏锐地捕捉到了同事失望的表情，后来上下班路上就特别留意着，几天后给同事另外买了一条手机链，送给了同事。所以，她的人缘好，是有原因的。几块钱的手机链，顺路的事，何乐而不为呢？

其次，投其所好。人都有喜好，如果你能投其所好，对方对你就有了亏欠，日后定当给你回报。

最后，互惠式让步。简单地说，就是各让一步。很多时候，交易就是这么做成的，不管是在店铺里买一件衣服，还是商务谈判，都是你妥协一下，我让一步，最终双方都满意。

第二，承诺和一致原则。

在生活中，人们都有一种习惯，对于自己曾经肯定过的事情，总会千方百计去维护，以此证明自己的选择是正确的，同时，这种努力也在潜移默化地说服自己，从而变得完全认同。心理学家发现，对于实现承诺，需要付出的努力越多，这个承诺就越牢靠。

赛马场的赌客有一个特点，原本犹豫不决的赌马者一旦下了赌注，就会对自己下注的那匹马信心大增。让他们的态度发生根本变化的关键因素，就是他们做出的决定。在他们看来，一旦决定选择了这匹马，就要为这个决定负责到底。

在《影响力》这本书里，帕拉克博士和他的研究小组做了两组实验，意在让人们养成节约天然气的习惯。

第一组实验：他们上门拜访，告诉居民节约天然气的小技巧，叮嘱他们节约。虽然居民们都答应了，但一个月后检查人们的用气记录，用量却没有减少。

第二组实验：重复了第一组的行为，再加上一个策略——将名字登在报纸上，表扬他们节约能源。一个月后，效果不错，平均每家节约了 422 立方英尺的天然气。后来，研究小组再给这些居民寄信说：由于某原因，名字不能见报了。后来的数据显示，由于期待报纸的表扬，第一个月他们的用气量减少了 12.2%；第二个月，知道名字不能见报之后，用气量并没有反弹，反而减少了 15.5%！

两组实验的对比，你会发现：第一组居民虽然答应了，但只是简单地敷衍，并没有下定决心要节约天然气；

而第二组居民，在"名字见报"的引导下，做出了承诺，决心要节约天然气。他们为自己的行为找到了很多理由，开始把自己看作是有环保意识的人。即使名字不能见报，他们依然坚定地履行自己最初的承诺！

通过这个实验，我们可以知道承诺和一致原则的奇妙。所以，在日常生活中，我们要对承诺保持慎重态度，即使是一些看起来微不足道的请求，我们也要保持警惕。答应这种请求，往往会使我们更容易答应更大的请求。

反过来理解，我们可以通过让对方做出承诺来施加影响力。若有必要，最好是书面的承诺。因为做出承诺之后，人们往往都会坚持信守承诺。比如我的一个朋友加入了一个读书群。入群的时候，每个人都要做出承诺，每周读完一本书，并写一篇读书心得。如果不能完成，就要给群里的人发 200 元红包。在承诺的推动下，朋友的读书量有了很大的提升。

第三，社会认同原则。

人们往往以他人的行为和思想作为判断标准，尤其是在不确定性因素的影响下，比如形势不明朗、拿不准主意的时候，我们往往会接受并参照别人的行为。做的人越多，我们就会觉得越正确。当你第一次吃牛排时，不知道怎么个吃法，你会看周边的人是怎么吃的，然后模仿他们使用刀叉的方式。

在喜剧演出的时候，导演总是喜欢添加笑声去引导观众，虽然，大家都知道这个很假，甚至有些反感，然而，事实上它的确能够增加观众笑的频率。这个就证明了，即使你知道大众未必就是正确的，你也愿意去跟随他们。

因为人们总是有一种心理，大家都认为对的，那么就不会错，这个也是一种捷径，使得自己不用再多花费时间去思考，也就成为了一种影响力了。最近爆出很多网红店请人当托，就是有力的证明。

很多时候，同时旁观的人数过多，使得大家反而有一种依赖心理，希望别人去做这件事情，觉得和自己没有什么关系。这时，有目的的直接安排或者要求，反而能够起到作用。

比如，你遭遇意外受伤了，作为受害者，你该如何向旁观者求助？

心理学家的答案是，增加确定性！你需要帮助时，应该从人群中挑出一个人来，指着他，直接对他说："这位穿黑衣服戴眼镜的先生，我需要你的帮助，请帮我叫一辆救护车来，好吗？"

明确指认一个人，会导致被指认的人有了压力，才会有行动。否则，人们只会选择随大流，在一边旁观，而不会付出行动。

了解了人们的从众心理，也就知道如何运用这个法则了。如果对方有异议，你就可以说"放心，大家（或者一个权威人物）都是这样做的"。如果碰上你分配任务的时候，一定要明确参与者各自的责任。

第四，喜好原则。

加拿大一项研究发现，那些看起来更有魅力的候选人在选举中更受选民欢迎。在后续调查中，很多选民并没有意识到自己是因为候选人的外貌而投票给他的。有73%的选民义正辞严地表示，投票是非常严肃的，不会根据外表厚此薄彼。还有14%的人认为，在投票时可能受了一些影响。但是根据调查结果，候选人的外表的确很有吸引力。这是因为，我们会自作主张地给看起来更好的人安上一些他们不一定具有的优点，比如正直、善良和富有才干，只是我们自己对这种倾向一无所知。

人们愿意答应自己认识和喜欢的人提出的请求。因此，如果你想增强自己的说服力，让人更愿意答应你的要求，就要想办法变成令人喜欢的人。要想实现这一点，可以从几个方面入手。

第一，提升自己的形象。我们在车展上总能看到花枝招展的车模，那些车模更漂亮的展台上，围观的人也更多。同理，销售人员都西服笔挺，打扮得很精神，也容易让人产生好感。

第二，找到和对方的共同点。"物以类聚，人以群分"，我们都更习惯和自己类似的人打交道。比如两个人都向你推销一款产品，其中一个销售员和你年龄相仿，另一个则比你年纪大很多，你肯定更加倾向于和前者达成交易。

第三，好坏对比。通过好坏的对比，人们会更愿意和好的交流，就像我们在搞定难缠的对手时，会采用一个人唱黑脸，一个人唱红脸的策略。有了前者的凶神恶煞，后者就显得十分善良，更容易让人信任。

第四，找到事物之间的关联。比如我们对自己在吃东西的时候所经历的人和事会更加喜爱，所以很多生意都是在饭桌上谈成的。

第五，权威原则。

一个人如果自称是大学教授，穿着得体，气质儒雅，你会本能地尊重他，会乐于接受他的意见。有的人，无论是寒冬还是夏天，一直穿着定制的高级西服，衬衫挺，鞋子亮，头发梳得一丝不苟，全身的细节无可挑剔，开着豪车，出入高档场所。我们看到这些人，就会在心里默认这个人说话很有分量，是一个有实力的人。一些装饰品，例如手表，也能显示一个人的身份。当你看到一个人戴着百达翡丽手表，就绝不会轻视他。

我们在遇到问题的时候，总是会习惯性地搜索一下专家的意见；在吃药的时候，往往也会听从医生的嘱咐，而不是药品说明书。这就是权威的重要性。权威的影响力，是人们无法想象的。因为我们需要一个理由来告诉自己这样做是对的，权威的话就是最好的理由。整个社会也都是建立在权威体系之上的，正因为如此，我们才能够按部就班地生活。

那么，我们应该如何应用权威原理呢？首先，你可以专注于一个领域，在学习、实践中进步，成为这个领域内的专家；其次，当你还不是权威的时候，可以多引用权威的观点，以此来说服他人；再次，多学习，取得一些许可或者证件，权威机构的认证能够提升你的专业度或者权威性；比如注册会计师证就很有含金量，也是一个不错的敲门砖。最后，要注意自己的形象。马靠马鞍，人靠衣装。衣服是一种权威的表现，也是获得权威的直接办法。所以，要想显得权威，就要注意你的个人形象。

第六，稀缺原则。

俗话说：物以稀为贵。当一样东西非常稀少或开始变得稀少时，它会变得更有价值。所以，当房价上涨的时候，房地产开发商就会捂盘惜售，造成房价进一步上涨。

从人的深层心理来看，我们总是会害怕失去，因为在得到一样东西之前，它并不属于自己，一旦拥有，就和自己有了关联。就好比限量版汽车，无论卖得多贵，都有人抢着买，因为数量有限，卖掉一辆就少了一辆。

日常生活中，最能体现稀缺原理的，就是饥饿营销了。将饥饿营销玩得最溜的，当数小米了。高配低价，让小米手机炙手可热。然而，要想买到小米手机却不容易，得抢购才行。因为稀缺，所以一机难求。靠这一招，小米手机做得风生水起。

然而，自从2016年开始，人们开始发现，小米手机不像以前那么难抢了，小米手机的业绩也出现了下滑。为什么会这样呢？难道饥饿营销没用了吗？

营销专家通过研究发现，当产品缺乏替代品的时候，饥饿营销可以提高用户的品牌喜好；但是，当用户觉得产品存在明显替代品时，饥饿营销反而会降低用户对品牌的喜好。小米的饥饿营销之所以不管用即是如此，市面上有大量的高性价比替代品，因为不稀缺了，所以自然就玩不转了。

通过稀缺原理，我们可以明白一个道理。就是要提升自己的影响力，就要让自己拥有核心竞争力，变得无可替代。同时，在做决定的时候，也可以多问自己一个问题：我（或者对方）最害怕失去什么？

以上都是影响力发挥作用的方式和武器。我们可以用这些武器武装自己，实现更高的目标。一旦你研究透了这六大武器，并且综合运用，将会大大提升你的影响力。

影响力

影响力是一种改变他人的思想和行动的能力，也是一种独特的能力或者魅力，能够时时刻刻影响他人。在现实生活中，影响力发挥着重要作用。

1. 尽量以相同的方式回报他人为我们所付出的一切
2. 对承诺保持慎重态度，即使是一些看起来微不足道的请求，也要保持警惕
3. 了解人们的从众心理，好好运用这个法则
4. 想办法变成令人喜欢的人
5. 成为权威，整个社会都是建立在权威体系之上的
6. 让自己拥有核心竞争力，变得无可替代

过有仪式感的生活

仪式感是我最近几年才产生的一个很大的感触。

我有一个朋友，和媳妇是大学同学，在一起八年了，感情特别好。结婚的时候，买完房之后就剩下几百块钱了。所以，婚礼没怎么好好操办，戒指、婚纱照也省略了。虽然有点委屈媳妇，但是也办法，确实没钱了。

朋友内心觉得很愧疚，想着以后有条件了，给媳妇买大钻戒，补拍婚纱照。当时，身边好几个朋友都是裸婚，我们都劝他，没事，这也是没办法的事，都能理解。再说了，你们感情这么好，这算啥啊。

然而，在以后的日子里，一旦夫妻间有了摩擦和别扭，媳妇就用这个来指责他。慢慢地，家里大吵三六九，小吵天天有。媳妇最常说的一句话就是："连个戒指都没有，我都没觉得自己结婚了，哪怕你给我买个铜戒指也好啊。"最终，两个人只能以离婚收场，十年感情，化为乌有。万万没想到，一时的凑合，最终居然变成了攻击的武器。

所以，仪式感，真的很重要。

就拿上面故事里的钻戒来说吧。为什么钻戒总是要装在精美的盒子里呢？因为一打开盒子，钻戒就发出"咔哒"一声，然后散发出光芒，而女人对闪耀的东西是很难抵挡的；而盒子一关上，还会发出"嘭"的一声。

这些细节看似平常，却暗藏玄机。它包含着设计师对仪式感的掌控和对人性的理解。仪式感的一个重要作用，便是对人性的满足。如果 Zippo 打火机没有那个标志性的打火声音，它只是一个普通的打火机。

仪式感是对生活的态度，让一件普通的事散发出光芒。当你的生活里有了仪式感，就会变得不再混沌，有了意义。如今，我们的生活节奏越来越快，生活中越来越缺乏仪式感。那么，我们为什么要重视仪式感，仪式感能让我们的生活发生什么变化？

什么是仪式感？

法国作家圣埃克苏佩里的著名小说《小王子》里，小王子和他驯养的狐狸之间有一段对话。

狐狸说："比如说，你下午四点钟来，那么从三点钟起，我就开始感到幸福……到了四点钟的时候，我就会坐立不安；我就会发现幸福的代价。但是，如果你随便什么时候来，我就不知道在什么时候该准备好我的心情……应当有一定的仪式。"

小王子又问仪式是什么，狐狸回答："它就是使某一天与其他日子不同，使某一时刻与其他时刻不同。"

所以，仪式感，就是用认真的态度去对待生活和工作，用一定的仪式和流程、动作、标志来赋予其他事物意义，尤其是一些似无趣的事情，从而体悟到生活的本质，感受不易被发现的乐趣。

比如我们在吃饭之前，可以加入一些环节，比如洗手，比如在饭桌上放上一瓶花，这些环节就是仪式，这种感觉和态度就是仪式感。这些行为表达了一个信号——要准备吃饭了。

从心理学的角度来说，行为可以影响态度，所以，仪式会影响人们的行为，进而影响人们的态度。在宗教中，人们参与的仪式越多，人们就越认可宗教，就对宗教更加忠诚。在生活中，人们为生活赋予更多的仪式，人们就越热爱生活。在商业世界，仪式是一种手段，能大大提升用户对产品的认可度。

仪式感让生活变得更美好，而不是简单地活着。德国心理学家洛蕾利斯·辛格霍夫在《我们为什么需要仪式》中说："有人吃早餐的时候一定要读报纸，到办公室一定先喝上一杯咖啡；有人永远是在餐馆的同一张桌子上吃午饭，回家的时候又总是走同一条近路。个人生活中的仪式是一种空间，我们可以在其中搜寻我们的思想、回忆、渴求、愿望以及我们的想象。"

有人也许会说，仪式感就是折腾和麻烦，费那劲干吗啊，不是给自己找事吗？凑合凑合得了。

对于一名运动员来说，最荣耀的时刻，就是戴上奥运金牌，升国旗奏国歌的时刻。

作为一名足球运动员，最荣耀的时刻，就是捧起世界杯奖杯的时刻。

作为一名篮球运动员，最荣耀的时刻就是穿上总冠军球衣，戴上 NBA 总冠军戒指的时刻。

如果没有了这些仪式感的衬托，这份荣耀就会大打折扣。

篮球运动员李根，是北京队获得 CBA 总冠军的功臣，却因为转会，只能在球员通道领取自己的总冠军戒指。这不但招了黑，无数人痛骂北京队这种做法不地道，导致后来李根每次打北京队也都是拼命死磕。所以，无论怎样，你都不能剥夺属于一个球员关于荣誉的仪式感。它是不可取代，也是无法省略的。试想一下，如果总冠军戒指都用顺丰到付，不举行盛大的庆功仪式，那么球员们为荣耀而战的时候，还会拼命吗？

这个其实很好理解。我买东西的最大乐趣就在于拆包装的过程。拆完之后，就感觉兴趣乏乏了，好像购物只是为了感受拆包装的过程。但如果别人帮我拆了，我却恨不得和他拼命。

既然仪式感如此重要，那么它是怎样发挥作用的？

我们在外面吃饭的时候，无论是在人均几百的西餐厅还是在街边小店，总会在用餐之前进行一道工序：用热水烫餐具。其实，这样做并不会让餐具变得更加干净卫生，因为有数据表明，餐具在开水淋烫后，细菌数值才下降不到 3%，效果可以忽略不计。但是，我们丝毫不会在意，照烫不误。因为，烫了餐具之后，我们心里会觉得踏实，感觉餐具干净了，吃起来就放心。至于效果怎么样，并不重要。也就是说，仪式感能够起到一种心理暗示的作用。

法国数学家帕斯卡曾经说过："跪下，动动嘴唇祈祷，你就会相信。"就像烛光晚餐和单膝跪地捧起戒指求婚，更容易让求婚对象捂着脸说"Yes"。这并不是说大家都很肤浅，而是这种充满仪式感的形式会让人觉得："是了，这才是求婚的样子。这样的时候，应该说'Yes'。"

从心理层面来说，仪式感相当于一个按钮，当你去做这个动作的时候就是告诉大脑，我要开始进入另一个状态了。比如高手过招的时候都会摆一个起手式，表明我准备好了，可以开始比试了。比如当你习惯了每天喝杯咖啡再工作，以后当你喝完咖啡的时候，就相当于在告诉大脑，我要进入工作状态了。当你在百货商场中乘坐直梯，电梯门开启，眼前一片繁荣景象，就会给人一种暗示——我要血拼一场。

那么，仪式感有什么作用？

仪式感是公司文化的表现形式，让员工在工作中更积极。

亚马逊公司初创的时候，在一个十分破旧的厂房里办公，虽然工作环境简陋，但是他们想出了一个好点子。他们设置了一种铃声，每当亚马逊在网站上卖出一本书时，铃声就响起一次。亚马逊创始人杰夫·贝索斯和他的员工们一起，被越来越密集的铃声激励着向前。很多公司学习了亚马逊的做法，也在办公场所挂上铃铛，将它称为"好事铃"。有好事发生时，铃铛就会响，这种小小的仪式给了员工莫大的鼓励。

阿里巴巴的电话直销团队也有自己的高招。在每个电话坐席上都安装了一个拍手器，一旦通过电话实现了签单，就有人拿起拍手器拍手。随后，整个团队都会一起拍手。除了声音的鼓励之外，每次成功签单都可以换来一盒旺仔牛奶。销售大牛们的桌子上都有小山一样的旺仔牛奶，让人不禁啧啧称奇，不由被这种仪式感带来的狂热氛围折服。

每年的 6 月 23 日，是奥美广告公司纪念创始人大卫·奥格威并发扬奥美文化的日子。在庆祝仪式上，奥美为了奖励忠诚的员工，会奖励每位满五、十、十五、二十、二十五、三十年的员工金币。

几个金币虽然不是很值钱，也未必就能留得住人才，但这种仪式感却能大大提升员工的忠诚度。

所以，仪式感能够让公司里的每个人产生这样一种感觉：我也需要这样的鼓舞，某一天我也得要成为这个光荣仪式的核心。在一个团体中，如果每个人都能这样想，就会形成一股强大的凝聚力。

仪式感可以奖励自己，帮助自己实现目标。

在个人层面，仪式感也可以发挥巨大的作用。比如在员工入职纪念日的时候，或者是完成了某个工作目标的时候，公司如果能为员工举办一个小小的仪式，就会让员工产生强烈的归属感。他会认为，这不仅是我个人的重要时刻，对公司同样重要。这种仪式感会刻在员工的记忆里，激励着员工实现更高的目标。美国通用公司的传奇 CEO 杰克韦尔奇就曾经把"懂得庆功"作为对领导者的要求。

我们在过去总是歌颂螺丝钉精神，要任劳任怨，做好自己的本职工作。但是，这种精神在当今社会变得有些过时了，现在我们做好某一项工作是不够的，还要有创造性。要想鼓励这种创造性，就要提供更多选项。比如很多互联网公司都会给员工提供股权和期权作为激励。期权其实并不能马上行权和变现，所以它更多的是一种仪式感，是让员工感受到被认可。这种仪式感会让员工自我驱动。就像阿里巴巴曾经的最佳销售员说过的一样："我并不是为了钱才这样拼命，我为的是在来年的庆功会上享受大家的掌声。"

我有一个朋友就很注重仪式感。他从小受到家庭的熏陶，认为仪式感是很重要的东西。他的父母每年都会庆祝结婚纪念日，每个家人的生日都要举办生日会。他毕业之后从事销售工作，十分认真地对待每一个客户，每一个可能的机会。取得好成绩时，他就会庆祝一下，要么买一件心仪的数码产品慰劳下自己，或者去国外旅行，或者找几个朋友吃顿大餐。

当他想要跳槽的时候，也会把老同事找来，一起吃一顿散伙饭。他对我说："我需要一个仪式，让我告别过去，开始一段新的旅程，我会谢谢他们的宽容和陪伴，工作中所有的小尴尬小冲突，一杯酒就化解了，以后的日子里再也不必介怀。"

正因为如此，他不但销售业绩十分出色，人缘也一直很好。

仪式感让你的生活更有品质和情趣。

仪式感是一种精神力，它会让你充满激情和活力，让你的生活更有品质更有情趣。我喜欢的主持人汪涵说："读书是一件充满仪式感的事情。每天，我会先挑选出自己最想读的三本书，然后洗手，点一根檀香，放一段古琴曲，泡一杯好茶，这是必不可少的准备工作。"

在爱情中，仪式感对于女人来说，尤为重要。生日一定要有惊喜，情人节一定要浪漫而温馨，没有节日也得创造节日，比如相识一周年、定情一周年甚至接吻纪念日，都是值得庆祝的节日。这些仪式让女生对感情有甜蜜的回忆，对未来充满期待，一想就很开心。这些仪式感不是做作，也不是贪婪，更不是俗气，而是平淡生活里必不可少的调味品。感情是需要呵护和经营的，仪式感就是体现女生在对方心目中地位的有力证明，也是是否有情趣、是否懂得生活的重要衡量标准。作为一名糙汉子，我曾经也很讨厌仪式，觉得它繁琐多余。

然而，通过生活实践，我对仪式感有了新的认识。

我喜欢喝茶。但是喝茶的人都知道，如果一个人喝茶，就是把茶叶投入玻璃杯，然后倒进开水，如此肯定品不出茶的真味。茶是需要品的，需要通过一系列的程序，这样泡出来的茶，才值得慢慢细品。

慢慢我发现，不但喝茶是这样，很多和品位相关的活动都有一套繁琐的流程和仪式。

虽然麻烦，却一定能为你的生活增添趣味，提高你的生活品味和品质，让你的生命每时每刻都散发出自己的光辉。

仪式感是对生活的重视，把一件单调普通的事变得不一样。比如在家阅读的时候，点上香薰，会让你的阅读体验更好；比如晚上睡觉的时候，把普通的夜灯换成满天星夜灯，在满天星光中入眠；比如内心焦虑彷徨的时候，静下心来写几页毛笔字。

这些都是生活中最普通的时刻，但是因为仪式上的一点点不同，就会变得大不一样。你会更加热爱生活，也更懂得生活。这才是仪式感的真正意义。如果你的生活里没有这样一些可有可无的充满仪式感的行为，一定很无趣。

有人说，锻炼身体不一定要去健身房，买一对哑铃在家里也一样锻炼。话是这样说，但是当你处在健身房的氛围中，你的紧身衣和耳机里澎湃的音乐，还有周围此起彼伏的喊声，都让会让你感觉：这才是健身。

因此，我们可以说，仪式感是一种看不见的精神力。仪式感给生命增添了乐趣，让它不再单调，变得更有意义。当你出门跑步的时候，会穿上跑鞋，戴好计步器，塞上耳机。先拉伸四肢，再慢跑一段，调整呼吸，选择一首喜欢的歌作为开场，在心里对自己说："开始吧。"

这就是仪式感，让平常的事情变得有了生活情趣。

仪式感

仪式感是对生活的态度，让一件普通的事散发出光芒。当你的生活里有了仪式感，就会变得不再混沌，有了意义。

1. 仪式感是公司文化的表现形式，让员工在工作中更积极

2. 仪式感可以奖励自己，帮助自己实现目标

3. 仪式感让你的生活更有品质和情趣

04

比拥有知识更重要的，是拥有见识

站在十年后看现在的自己

思维方式，决定看问题的角度；看问题的角度，
决定了如何行动；而行动，足够影响人的一生。

让学习成为本能

最近，发生了两件事，让我很是感慨。

第一件事，人们都说，索尼的电子产品是理财产品，不但可以保值，甚至可以增值。所以，几个月前，我毫不犹豫地买了一款索尼耳机。然而，现在这款耳机已经跌了一半，便宜了一千多块钱。

第二件事，我一直喜欢的意大利，近70年来也是首次无缘世界杯。

这两件事都让我有点不痛快，但是也说明了一个道理。这个世界，没有什么是不可固定不变的。你以为的，未必就一直是你以为的那样。

如今，社会发展的速度之快，在人类的历史上从未有过，而且丝毫没有停止的迹象。

　　当你在十年前畅想未来时，虽然明确地知道时代将会改变，但是大概不会想到会改变得如此彻底。十几年前，手机还没有普及，网购也是个陌生的概念。如今，我们可以通过手机完成很多事情。现在，在我们的前方，未来仍然充满巨大的不确定性。我们不知道它将往何处去，会带来哪些新的改变。只有一点十分明确，那就是我们需要尽快适应新的规则，才能在未来世界更好地生存下去。

　　未来已经到来，你准备好了吗？

　　在2017年的《奇葩大会》上，"创新工厂"的老大李开复来了。他给大家讲解了人工智能的发展。李开复说，我们现在可能还没有明显地意识到人工智能对我们的影响，但是事实上，每个人都已经离不开人工智能了。例如你在使用搜索引擎时，最先出现的结果都是令你感兴趣的，这是因为人工智能会记录你的使用习惯，然后给出最符合你期待的反馈。不管是叫外卖，还是"双11"将商品放进购物车，你都潜移默化地被人工智能影响着。在未来，一半以上的工作都将被人工智能取代。原因很简单，因为它们做得又快又好。由此看来，未来将会是人工智能的时代。人工智能在各个领域都将具有更大的优势，比如更高的效率、更低的成本以及更少的错误率。如今我们去饭店吃饭，不需要服务员点单，也不需要去收银台结账；工厂里也不需要大量的工人，只需要用人监控设备运转就行，甚至可以远程控制；有很多传统行业逐渐衰落，很多职业在逐步淘汰的同时，又有很多新的行业和职业诞生。就像小灵通，十几年前还风靡全国，现在还有人在用吗？

在这样一个指数时代，我们必须要替换旧的思维方式，推翻过去的常识，学会差异化思考，与时俱进，更新思维，才能屹立不倒，跟上这个时代。

那么，我们该做出怎样的选择和行动，才能让在未来更好地生存呢？对于这个问题，很多科学家和机构都开始了研究。

麻省理工学院媒体实验室，聚集了全世界的创造性人才，被誉为实现寓言的地方。媒体实验室主任伊藤穰一，用了四年的时间，集合了整个实验室的研究成果，写下了一部具有划时代意义的作品《爆裂》，这本书能够帮助你突破知识边界，颠覆传统认知，适应这个多变的世界，应对将来的变化和挑战，获得成功。这本书目前特别火，最近在天猫"双11"经管类图书畅销榜上排名第二。

在《爆裂》一书中，针对变化，作者伊藤穰一提出了对策，称为九大生存法则。

1. 涌现优于权威

人们对知识充满渴求，所以为了方便大家查阅知识，前人编著了一系列百科全书，其中最全面最为人熟知的，就是《不列颠百科全书》。进入互联网时代之后，又出现了基于共享传播的百科知识网站，其中最著名的就是维基百科。有人会说，网友的知识水平怎么能和专家相比呢？但是实际情况是，维基百科词条中的知识质量非常之高，和《不列颠百科全书》相差无几。同时，由于当前知识更新的速度非常快，维基百科凭借更高的效率，大大超过了传统百科全书。

维基百科是互联网时代涌现出的新事物，它将优于权威。"涌现"之所以会发生，是因为很多看似微小的个体的共同选择，使它们获得了远超个体的能力。就像蚂蚁一样，虽然智力水平很低，却能发现哪里有食物，哪里有危险。"涌现"不是一加一等于二，也不是我们通常说的"集中力量办大事"，而是指一加一可能会变成一个全新事物。它表现出来的智慧或能力远大于该集体中任何个体的能力，将会催生新的机制，重塑未来的社会。

2. 拉力优于推力

推力就是需要外部的驱动力向前推动。在过去，想让人们完成工作的话，就要想尽一切办法把人们向前推。对被推动的人来说，前进的方式是被动的，因此难免心不甘情不愿。但是在未来，我们要主动向前，把自己拉到前方去。例如我们都熟悉的游戏出品公司——暴雪娱乐，已经采用了拉的方式培养受众。他们不再把公司和玩家视为卖家和买家的关系，而是把玩家当作公司的一部分。这种方式让玩家更容易把游戏看成是和自己有深切关联的东西，并不断对它提出改进的建议。

可以这样说，互联网为"我为人人，人人为我"赋予了新的意义，它进一步放大了内在奖励相对外在奖励的激励优势，你的心态越开放，越是放权，收获越多。从此，它不仅能帮助人们发现需要的东西，还能帮助人们发现自己不知道自己需要的东西。

3. 指南针优于地图

当我们来到一个陌生的地方，可以选择查询地图来选择路线。在智能时代，只要打开手机，输入目的地，App 会为你推荐一条路线，然后"只要跟着地图走就行了"。但是这条路线并不一定是最优的，甚至不一定是正确的。我前一阵子看了一个短视频，在重庆的一个寻常路口，一星期之内发生了五起交通事故。原因是，导航软件让司机们在这里转弯，当他们转过去之后才发现，这不只是一个转弯，还是一个下坡的台阶。道理很简单，重庆是一座山城，到处都是阶梯，而导航软件无法分辨出来。于是当你按照推荐路线往前走，就会掉进沟里。

指南针，可以为你提供一个方向。《爆裂》的作者伊藤穰一认为："指南针优于地图。"这很好理解，地图是固定的，而指南针更加灵活。在大方向不变的前提下，可以在小的节点上微调。尤其是在一个日新月异的时代，地图往往具有滞后性，而指南针能够帮助你更好地发挥自己的创造力。选择指南针而不是地图，可以让你探索其他线路，更加充分、有效地利用绕道的机会，发现意想不到的宝藏。

4. 风险优于安全

在《爆裂》这本书里，作者讲了一个故事。有一家公司要给他投资 60 万美元，但是在投资之前，各种可行性研究和风险评估就要花掉 300 万美元。这看似十分荒谬，但却是很多企业的通病。这就是传说中的大企业病。阿里巴巴的执行副总裁卫哲先生曾经在混沌研习社的课堂上说，越是大公司，越是有一些愚蠢的制度。想要规避风险、提高效率，实际上浪费的成本远高于可能损失的成本。因此，作者提出了一个观点："风险优于安全。"

我们要知道，没有绝对安全的领域。只有勇于改变，才能在风险之外找到一条相对安全的路。大公司不断变得陈腐僵化，做事越发小心翼翼；而一些小公司敢于试错，越来越兴旺发达。华为是移动通信行业的巨头，但是它也没有停止改变，在 5G 的发布会上，华为表示：如果不改变，就会被世界淘汰。改变会带来风险，但是我们要有承受风险的勇气。在不断变化的时代中，风险的成本变得越来越低。因此，当别人还在地图上犹豫不决地挑选稳妥路线时，我们该拿起指南针找好自己的方向，然后迈步向前走。这条没人走过的路，也许是更快更安全的路。

5. 违抗优于服从

人类所有的发明创造，都是因为打破原有的规则诞生的。在未来，创新和改变需要的不是服从，而是挣脱已有的束缚。要想更快更好地解决问题，就不能按部就班，而是要另辟蹊径。互联网因此而诞生，移动智能设备也是如此。十年前，苹果开了第一场手机发布会，颠覆了传统手机的模样。当时的老大诺基亚不屑地说："那也能叫手机？这么不结实。"后来发生的事，大家都知道了。

如果令狐冲甘心做一个乖乖听师父命令的大师兄，恐怕也能混个掌门当一当，却无法取得惊天动地的成就。量子力学的先驱者们，也是因为对经典物理学的叛逆才另起山头。如今，虽然科学仍然在不断进步，却很少出现革命性的成果。在未来，违抗传统将会带来更大的突破。

6. 实践优于理论

说得太漂亮，不如马上开始付诸实施。《爆裂》中有一句话："在理论中，理论和实践没有差别。而在实践中，理论和实践却有差别。"这句话的意思是说，用理论进行推导的时候，能够明确地看出该理论是否可行。可行的就实践，不可行的就抛弃。但是在实践先行的情况下，我们只有真正去做了，才知道是否可行。即便最终证明此路不通，我们也能在过程中收获经验，避免今后再走弯路。

美国的杜邦公司要在华盛顿州设计世界第一个全尺寸钚生产反应堆，请来了一群物理学家提供帮助。让物理学家们感到困惑的是，为什么要设计这么多冗余结构？著名原子物理学家恩里科·费米对杜邦的一位工程师说："别再考虑那些复杂的设计了，你们应该尽可能快地搭建好设施，走捷径，让其运转。一旦发现它不能运转，在找到原因后，再建一个可以运转的。"费米的意思就是说，即使一个项目存在很大的风险，也应当坚持"实践优于理论"的原则。只要行动起来，一边做一边解决问题，事情自然就办成了。等到所有问题都解决了，万事俱备，再开始行动，这种方式已经不适用于这个时代。

7. 多样性优于能力

我们都知道，艾滋病在过去是不治之症，虽然鸡尾酒疗法能有效延长患者的生命，但是费用高昂，一般人负担不起。艾滋病之所以无法治愈，是因为艾滋病病毒很难破解。在 2011 年，人们终于破解了类似病毒的蛋白酶结构，而做出贡献的不只有科学家，还有以破解该蛋白酶为主题的游戏玩家。这些人并不具有微生物学背景，甚至有很多人还在上中学。这说明了，个人能力虽然重要，但是足够丰富的多样性将优于能力。

8. 韧性优于力量

当刮起猛烈的大风时，我们经常会看到高大的树木被连根拔起，但是地上的小草却安然无恙。因为大树虽然显得刚直有力，却不如小草般具有足够的韧性，因此当面对强大的力量时，抵抗力反而不足。就像我们今天遍及全球的互联网系统一样，经常会遭受打击，但是却没有什么能摧垮它。因为在互联网发展的过程中，已经从一系列小的波折中获得了韧性，这使它更加富有生命力，在面对更大的攻击时有足够的生存能力。

我们已经说过，未来面临着巨大的不确定性，这种不确定，让我们很难判断将会迎来怎样的挑战。互联网的规模如此之大，未来发生的事情如此不可预知，为我们提供了一个良好的范本。只有不断地面对冲击，才能得到越来越高的韧性。生命不息，折腾不止。

9. 系统优于个体

在过去，创新的动力总是基于个人或者企业的需求，为了满足利益需求或者增加财富。但是在未来，我们都将属于一个不可分割的巨大系统。如果要进行创新，必须考虑对整个系统的影响，而不是只考虑个体。新的变革不但会给所有人带来影响，因此要综合多方面的条件，从总体上进行设计。

如果像过去一样，头痛医头脚痛医脚，就会被症状迷惑，无法发现真正的问题所在。就像盲人摸象，只能感受到局部，就会产生误判。而系统的思维是把若干看似毫无关联的事物统一在一起，观察它们之间的隐秘联系。系统优于个体，就是要把系统中的每个元素都考虑在内，通过各元素之间的相互作用，获得新的知识和见解。

为了应对变化，我们应该掌握什么能力？

在《爆裂》一书中，作者伊藤穰一提出：不对称性、复杂性、不确定性这些指数时代的特征，使关于未来的预测不可避免的不准确甚至失败。掌握符合时宜的思考方式是理解和适应变化的前提，而这比预测变化更重要。也就是说，我们可以不知道未来的具体模样，但是要有自己一套思维方式，知道变化的方向。

1. 学会非线性思考

想要在未来更好地生存下去，就不要用地图按图索骥，而是拿起指南针，在确定大方向的前提下进行假设，然后不断修正前进的方向。因此，我们要学会的是非线性思考。

要理解非线性思考，就要了解什么是线性思考。线性思考，就是用已知的公式来进行推导，用公式就能得到正确答案。但是，线性思考往往只适用于理想世界，在错综复杂的现实世界，充满了各种不确定性，我们必须要学会非线性思考。

线性思维方式有助于深入思考，探究到事物的本质。非线性思考，就是跳跃性思维，是一种发散的、直觉性的思维方式，它有助于拓展思路，看到事物的普遍联系。所以，当你使用线性思考无法解决问题时，就要转变思维方式，学会提出新问题，综合当前的条件进行综合思考，得出新结论。

在 "哈德逊河奇迹"中就是如此。飞机起飞不久就遭遇飞鸟撞击，一侧发动机失去动力。在这样紧迫的时刻，机长萨伦伯格临危不乱，果断操纵飞机降落在哈德逊河上，机上人员全部幸存。事后调查时人们发现，如果完全按照空客 A320 的检查单排查事故原因以及处置措施，飞机就不可能有时间进行迫降。

因此，懂得非线性思考是一种通往未来的核心竞争力。

2. 未来视角，把思维放在趋势之上

如果按照现在的标准来进行分析和判断，可能会有滞后性或者作出误判。要专注自己的方向，懂得把视角放在未来，让思维跟上趋势，灵活运用既有的原则来进行假设。要坚信从未有过的哪怕一个微小创新，都足以改变世界。

马克·扎克伯格就是一个很好的例子。面对 10 亿的诱惑时，很难有人不动心。扎克伯格就曾面临这样一个关于未来的选择，这同时也是 Facebook 的转折点。2006 年，当时的互联网巨头雅虎开价 10 亿美元，希望全资收购 Facebook。对于这家刚刚创立 2 年的公司来说，这个条件不可谓不诱人。公司里的很多人，包括早期投资者和老员工都希望接受收购。扎克伯格并不这样认为，在他看来，Facebook 更应该按照自己的节奏运作和发展。

当时，Facebook 已经占领了校园，想通往更大的舞台。他们开发了很多新功能，并且找到了更大的意义：连接全世界。扎克伯格决定按照自己设想的样子去打造 Facebook，拒绝了收购。他说："让人相信你的确很困难，因为很多早期投资者并不是和我

们站在一边的。在他们看来，投资一家创业公司，过几年以 10 亿美元的价格转手卖掉，简直是一笔完美的买卖。"现在，扎克伯格是世界上最年轻的亿万富豪，身价达到了千亿美元。这就是拥有未来视角，把思维放在趋势之上所带来的丰厚回报。

所以，我们要把目光投向未来，积极创新，而不是安于现状，只着眼于当下可见的利益。正因为如此，特斯拉汽车虽然一直亏损，却一直是投资热门。因为它代表着未来。

决胜未来

　　这个世界，没有什么是不可固定不变的。你以为的，未必就一直是你以为的那样。

　　未来已经到来，你准备好了吗？

　　1.不要用地图按图索骥，而是拿起指南针，在确定大方向的前提下进行假设，然后不断修正前进的方向

　　2.把视角放在未来，让思维跟上趋势，灵活运用既有的原则来进行假设

小步、快跑、试错、迭代

如今的世界，就是一个遍布陷阱的越野赛跑。要想成为赢家，不但要跑得快，还要足够小心，不能犯大错。这个时候，大步前行，很容易掉进陷阱；慢慢走，就无法赢得比赛。那么，怎么办？

互联网时代的应对法则是，小步快跑，试错迭代。

小步，是可以保证你即使踩到了陷阱，也能马上反应过来，不至于遭遇灭顶之灾；快跑，则确保了你的速度，不至于被人甩在后面。

试错，就要敢于尝试和犯错，从而找出漏洞，弥补不足，找出更好的解决方案，提供更好的产品或者体验。速度，在互联网时代意味着一切。所以，一定要快速迭代，才能在激烈的竞争中生存下来。否则，试错也就失去了意义。

2017 年的 11 月 21 日，腾讯市值突破 4 万亿港元，超过 Facebook，成为全球第五大市值的公司。然而，17 年前，在腾讯最困难的时候，马化腾差点就以 60 万元的价格卖掉了 QQ。幸好深圳电信数据局不了解 QQ 的价值，才有了今天的腾讯。

那么，今天无限风光的企鹅帝国，是如何打造的？

知名财经作家吴晓波通过对腾讯的多年研究，写了一本《腾讯传》。在书中，他得出结论——腾讯之所以有今天，凭借的就是上面提到的八个字：小步、快跑、试错、迭代。这也是互联网时代的八字真言。只有小步快跑、试错迭代，才能跑赢这个时代。

在互联网圈子里，有一个说法："百度的技术，阿里的运营，腾讯的产品。"也就是说，百度的看家本领是技术，阿里擅长运营，而腾讯的产品做得最好。

仔细一想，正是如此。因为腾讯的产品或许不是最创新、最有想法的，但绝对是体验最佳、最稳的，也是最能赚钱的。正是靠着对产品的独家功夫，腾讯才一步步成为了一个巨无霸公司。

对于腾讯而言，最重要的产品就是 QQ 和微信了。从这两个产品上，我们可以发现很多有意思的事情。

"小步、迭代、试错、快跑"，是所有互联网公司取得成功的八字秘诀。在这方面，腾讯的表现称得上是典范。

早在 QQ 刚发布的时候，腾讯团队就会根据网民的体验，不断寻找和修复漏洞，第一周就完成了三个迭代版本，平均每两天发布一个。快速改错，不断更新，提供更好、更快、更新的试用体验，让 QQ 获得了爆炸式的发展。自此，腾讯在做产品的时候，慢慢形成了"小步快跑，试错迭代"的原则。

一直以来，腾讯都保持着两周迭代一次的战略。其实，在互联网行业，你永远无法一次性做出一个完美的产品，市场瞬息万变，要想不被淘汰，就要比别人更快地更新迭代。这也是互联网产业与传统制造业、服务业最大的区别。

如今，人人都知道微信，还有不少人知道米聊。然而，对于很多人来说，talk box 却是一个陌生的名字。其实，Talk box 和 Kik 都是聊天 App 的鼻祖。这两款 App 在业界是领先的，火爆一时。尤其是 Talk box，发布三个月就拥有了 600 万用户，估值达到 10 亿美元。但是，当时智能手机还没有像今天这么普及，加上策略失误，所以都没能成大气候。很快，雷军和张小龙都盯上了这两款 App，迅速发布了米聊和微信。后来，坚持原创的 Talk box，日益衰落，最后以 2000 万甩卖了。

我曾经听很多人说过，如果不是腾讯，也许今天我们所使用的通讯软件不是微信而是米聊了。因为，早在 2010 年，米聊就推出市场了，背后是雷军，不缺钱，技术也没问题。2011 年，小米手机发布后，有了客户端优势，更是如虎添翼。

微信虽然晚一些发布，但是，微信背后的是腾讯。腾讯最拿手的就是后发制人。米聊和微信的赛跑，开始了。

因为下手快，而且雷军团队的战斗力极强，米聊曾经走在前面。然而，显然，微信团队跑得更快，更新迭代得更快。

1.2 版，微信重点转向了图片分享。2011 年 4 月，推出语音聊天功能。

很快，"摇一摇"功能上线。

7 月，推出"查看附近的人"功能，彻底扭转战局。

2012 年 3 月 29 日凌晨，马化腾在腾讯微博上发了六个字："终于，突破 1 亿！"

上线仅 433 天的微信，成为了增速最快的在线通信工具。

4 月 19 日，微信推出新功能"朋友圈"。经过一年多的多次迭代，微信已经打造了一种移动互联网时代的生活方式。

8 月 23 日，微信公众平台上线。这是一个伟大的发明，直接改变了互联网和媒体的格局。

后来，引入微信支付和红包功能后，微信一骑绝尘，拥有了 8 亿多用户，成为了腾讯的半壁江山。

微信的成功，虽然离不开微信之父张小龙，但最根本的还是腾讯的产品模式——微信无与伦比的更新迭代的速度。

各位使用喜马拉雅的用户只要稍微留心，就会发现喜马拉雅的页面经常在换。作为一个 6 成市场占有率的霸主，喜马拉雅也是小步快跑、试错迭代的典范。

作为一个音频节目的大平台，喜马拉雅的节目种类繁多、风格各异，拥有 5000 多万条音频，然而，大象也可以跳舞，喜马拉雅依然做到了快速更新，在实现强大功能的同时，做到了操作简单、体验最佳。App 于 2013 年 3 月上线，仅半年即达成千万用户目标。截止到 2016 年 10 月 14 日，产品已经完成了 17 次迭代。

由此可见，唯有不断尝试、快速迭代，才能把产品做好，提升体验，才能在这个时代做大做强。

那么，腾讯的成功，对于我们来说，有什么启示呢？

第一，树立黑匣子思维，大胆试错，开启精益创业模式。

看过飞机失事新闻的人都会知道，一般调查飞机失事的原因，最简单有效的方法就是查看黑匣子。事故发生后，黑匣子中的所有信息都会被仔细分析，找到造成问题的原因，并加以改正。

飞机之所以被称为最安全的出行方式，就是因为航空业是建立在对错误的不断总结和改进的基础上的。任何一个微小的错误都会引起注意，并加以解决。

这种思维方式，也被称为黑匣子思维。在生活中，我们也可以应用这种思维，大胆尝试，以此来加快自己的成长速度。

腾讯这个名字，带有浓重的时代气息，当年一般带"讯"字的公司，基本都是和寻呼机（BP 机）有关的。一开始，腾讯主要业务就是做在 BP 机上发短信的业务。没想到，BP 机很快就被手机挤兑得没有了市场空间。腾讯的业务也大受影响，眼看就要破产了。马化腾四处奔波，希望有人买下公司。幸好，腾讯最终熬了过来。此后，腾讯也一直犯错，但都敢于及时止损，从而始终保持竞争力。比如为了布局电子商务，腾讯收购了易迅网。我之前经常在易迅网购物，物流特别快，价格经常比京东还便宜。然而，要做好一家电子商务网站，需要一系列的体系，更需要大量的资本，才能与京东、天猫对抗。后来，腾讯果断把易迅卖给了京东，从此和京东构成了电子商务联盟，共同对抗阿里。

所以，任何伟大的人物或者公司都有犯错的时候，我们不要抗拒犯错，应该正确地看待错误，敢于尝试。刚入行的时候，我的一位领导就鼓励我们大胆去尝试，不要怕犯错，刚入行的时候犯的错虽然低级，但不致命，如果一开始不犯错，未来就很可能会犯大错。

而且，试错还能给创业提供一种宝贵的模式：精益创业模式。精益创业是通过不断试错获得成功的，单位时间内的成本很低，但是回报丰厚。

安德烈·瓦尼尔（Andre Vanier）和麦克·斯莱默（Mike Slemmer）想要开发一款全新的在线信息服务软件。他们在创业之前都曾经取得过辉煌的成功，但是经历却完全不同。瓦尼尔来自咨询公司的龙头老大——麦肯锡公司。他认为，要在一开始就把这款软件做得十分完美，让用户能够获得最好的体验。他对技术开发人员很有信心，认为只要有足够的研发时间，就会让软件毫无 bug，运行流畅。这种理念无疑十分传统，从上而下地制定完美的计划，并严格执行。

但是斯莱默并不这么想。他过去曾经先后创立了两家科技公司，他意识到，完美的程序是不存在的，只有通过使用才能发现漏洞。因此，要先发布软件，找到错误，再通过改正来让它变得更完善。要想撇开用户独立解决问题是不可能的，而是要一开始就进行测试，根据用户的反馈来调整，产生更好的想法。

斯莱默说服了瓦尼尔，在软件刚成型时就公布于众，从而发现了很多漏洞。软件的用户越来越多，提出的需求也越来越丰富，使他们得以不断改进。最终，他们的软件成为全行业功能最复杂，也最成功的产品。

有句老话：晚上想起千条路，早起还得卖豆腐。说的就是这种方法。想法和愿景并不重要，也不要等到万事俱备才开始行动。只有赶紧行动起来，在行动中不断解决问题，才是当下的互联网时代的做事法则。

腾讯的基本理念就是——小步快跑，快速迭代，每一个产品都是 beta 版，坚持每天发现新问题，修正问题，让产品趋于完美。只有抱定这个信念，才能适应种种变化，立于不败之地。

第二，不一定要做第一个，但你可以做最好的那个。

记得有一个哲人说过，成功的最好方法就是，观察走在你前面的人，看看他为什么领先，学习他的做法。老话说得好，枪打出头鸟，冲在最前面的，往往很容易成为炮灰。在残酷的商业世界，更是如此。做一个精明的模仿者，远好过做一个热血的创新者。

企鹅帝国就是这么一步步建立起来的。其实，很多互联网巨头都是如此，都是模仿国外的创新者。

一开始，腾讯就是模仿聊天软件 ICQ 起家的。然而，在 ICQ 众多的模仿者中，只有腾讯的 QQ 成为了霸主。因为，除了模仿之外，腾讯还是一个出色的改良者，它能够提供大量本土化的创新和最好的用户体验。

微信之父张小龙就说过："QQ 成功了，而 ICQ 却死掉了；微信走红了，Kik 却至今默默无闻。对于一个应用性的社交工具，其核心价值是用户体验。微信的很多功能都在其他软件工具上出现过。比如"摇一摇"最早出现在 Bump 上，这个软件是让两个人碰一下手机来交换名片，在中国并没有人知道这个软件，而我们把它移植到微信中，第一个月的使用量就超过了一个亿；语音通话功能早在 2004 年前后就成熟了，但也是在微信上才被彻底引爆的。因此说，在某一场景下的用户体验是一款互联网产品能否成功的关键，而不是其他。"

从 QQ 到腾讯网、拍拍，再到腾讯微博、微信、各种游戏，这些年来，腾讯其实很少做一个开拓的创新者，更多的是做一名精明的跟随者，让别人去创新，然后迅速跟进，借助自己的体量和流量优势，实现弯道超车。这是腾讯的拿手本领。

第三，无论你是创始人还是任何岗位上的人都要有产品经理的心态和视角。

把用户体验做到极致，是未来商业世界的生存之道，也是互联网时代的终极武器。然而，很多创始人领导思维太重，产品思维却太轻，往往忽略了用户的需求和反馈，最终饮恨而退。

一直以来，马化腾都是以产品经理的角度来看待腾讯的业务。在腾讯发展初期，他就十分重视客户的体验。

QQ 刚发布的时候，马化腾和另外一个创始人张志东经常跑到网吧，现场观察用户的使用状况。回忆起那时候的情况时，马化腾说："那时，当'嘀嘀'声从不知哪个黑暗的角落传出的时候，我们的心尖都会跟着抖一下，那种体验从未有过，太美妙了。"

在马化腾的推动下，腾讯形成了"10/100/1000 法则"，产品经理每个月必须做 10 个用户调查、关注 100 个用户博客、收集反馈 1000 个用户体验，通过这种双向交流反馈的机制，腾讯的界面及试用体验完胜其他竞争对手。

正是因为创始人有了产品经理的视野和心态，腾讯公司才能把用户体验做到极致，做出最好的产品。而无论你身处公司的任何岗位，当你拥有了产品经理的心态和视角，那么你也将更有可能在工作中如鱼得水、脱颖而出。

人人都是产品经理

互联网时代的应对法则是，小步快跑，试错迭代。

1. 不要抗拒犯错，应该正确地看待错误，敢于尝试

2. 坚持每天发现新问题，修正问题，让产品趋于完美

3. 不一定要做第一个，但你可以做最好的那个

4. 无论你是创始人还是任何岗位上的人都要有产品经理的心态和视角

制造下一个引爆点

在北京三里屯 Village，每天下午三点，有一家名叫 our bakery 的烘培店门口都会排很长的队，据说有人最长排过 3 个小时。他们排队来买的是一种叫脏脏包的巧克力面包，每天限量 100 个，售完为止。用时下流行的话来说，这家店就是网红店，脏脏包就是爆款。同样的网红店还有喜茶，很多人愿意为了一杯奶茶排几个小时的队。有意思的是，在喜茶对面，有几个特别有情怀的哥们开了一家名叫"丧茶"的店，一时间比喜茶还火。

如今，每个人都有一颗想当网红的心，每个创业者都想做出爆款，每个产品都想做成名牌。但是，成功的人永远都是少数，满大街都是新概念和标新立异的东西，想红哪有那么容易？但即使这样，依然还有人做到了。他们没有在央视黄金时段做广告，也没有花钱大量雇佣水军。他们只是踩中了一个点，一个引起量变到质变的临界点。这个点就被称作引爆点，也就相当于修行的法门、开锁的钥匙、杠杆的支点。一旦找到了这样的点，你就能引爆世界。

被誉为"21世纪的彼得·德鲁克"怪才格拉德威尔总结出了引爆点这个概念。他认为，我们的世界看上去很坚固，但只要你找到那个点，轻轻一触，这个世界就会为你而动。理解了引爆点，你就能明白，为什么有些网红能够一夜成名，有些产品为什么能够成为火遍全国的爆款，有些牌子为什么能够迅速成为品牌。

我们一定都想知道，该怎样让一些观点和产品从默默无闻变得人尽皆知。进入大众传媒时代之后，流行趋势显得越来越难以捉摸，但是我们仍然可以从复杂的表象中找到一些因素来作为突破口，引导下一波流行趋势。这些至关重要的因素，我们都可以从《引爆点》这本书中找到。正如书中所说："别看我们身处的世界看上去很坚固，或者说很顽固，雷打不动、火烧不化，其实只要找到那个点，轻轻一触，它就会倾斜。"

《引爆点》中有这样一个案例。

暇步士（Hush Puppies）是当今知名的休闲鞋品牌，在中高端鞋履界有很高的地位。这一品牌的主打产品是小山羊皮鞋，拥有上佳的材质和一流的脚感。但是在1995年之前，暇步士只是个很少有人知道的品牌，每年的产量还不到3万双。暇步士品牌的母公司是渥弗林（Wolverine），是一家主要生产工装靴的公司，这家公司的"一千英里"系列至今仍是北美最畅销的工装靴之一。

因为这个品牌实在过于小众，因此当两位来自暇步士的营销经理从一位设计师口中听说，他们的小羊皮鞋是如此受欢迎，已经成了纽约曼哈顿酒吧里时尚人士标配的时候，感到十分震惊。这时他们才知道，从前无人问津的暇步士休闲鞋，现在竟然在纽约有了专卖店，而且供不应求。

从 1995 年的秋天开始，暇步士迎来了更大规模的爆发。美国知名设计师约翰·巴特利特（John Bartlett）给暇步士公司打来电话，要求定制一些鞋，在来年的春季时装秀上展示。随后，更多设计师和好莱坞的明星来到暇步士店里。他们中有的要买鞋，还有的只是想使用暇步士的品牌形象——一只猎犬。

在这一年里，暇步士的年销量从不足 3 万双一下攀升到 43 万双。到了 1996 年，这一数字翻了四番。随后的几年里，暇步士成了时尚的代名词，追逐时尚的年轻人都以穿着暇步士鞋参加聚会为荣。暇步士赢得了很多有分量的设计师大奖，虽然他们的总裁表示，自己从来没有追赶过潮流，只是不小心被潮流追赶了。

《引爆点》是一本经典的商业管理书籍，出版这么多年之后，我们从互联网的初步普及走到了今天的移动互联网无孔不入，大数据越来越多地被运用，引爆效应也将以指数级的方式在各个角落里更大规模地产生。可以说，懂得引爆的原理与逻辑，是我们赢得未来的基础能力。所以，无论商品、品牌、名气甚至微信公众号文章，如果你能洞见引爆之眼，引发流行，就能打造出爆款、网红、名牌和 10 万 +。这也是当代世界的成名法则。

就拿我之前从事的出版行业来说，也有一个类似的案例。《美国种族简史》是一部讨论种族问题的严肃著作，是一本版权书，第一次出版于 1981 年，只印刷了 5000 册，而且销量平平，默默无闻。然而，20 年后，这本书却突然变得异常火爆，二手书的价格一路攀升，最后甚至卖到了 300 多块。2011 年，中信出版社买下了版权进行再版，销量竟然达到了 20 多万册。这本书之所以从无人为津变得路人皆知，都因为一个人——当今中国手机界最好的相声演员罗永浩。当时的老罗还在办牛博网，这个网站上云集了当时几乎所有的意见领袖，因此当老罗在博文里不遗余力地推荐这本他花 10 块钱从地摊上淘来的破书之后，引起了巨大的关注。同时，老罗还是个演讲家，他在当年《创业故事》的演讲上再次提起了这本书。于是，《美国种族简史》被彻底引爆，变成了畅销书。这本书的引爆点就是老罗的推荐和分享。

那么，在实际生活中，我们如何找到引爆点？《引爆点》这本书提出了流行三原则，只要了解了这些因素，掌握好传播的规律，就能在合适的时机制造属于你的引爆点。

1. 个别人物因素：找到关键人物

很多时候，引爆之眼十分隐秘，并不是每个人都能看到、捕获到的。因此，当某个人发现了这个点，他就是能否成功引爆的关键先生。无论是想发布一条劲爆的消息，还是促成一个伟大的事件，有几种人会起到至关重要的作用。

首先是"内行"。内行，顾名思义就是熟知内情的人。推而广之，他知道的内情可以是行业内幕，也可以是人们关注的焦点。其次是联络员，他负责把两个不同的端点联系在一起。他们认识很多人，能够把掌握的消息第一时间传遍周围的整个世界。最后是"推销员"。他们有很强的感染力，能够让每个听众都接受他说的一切，打消人们的顾虑。《引爆点》一书的作者认为，要想找到引爆点，就要先找到这些关键人物。

我们都知道《大圣归来》是一部很好看的动画电影。它没有大明星背书，编剧和导演的名气也不够响亮。在2015年上映之初，它像很多默默无闻的国产电影一样，排片率非常低。但是没过多久，《大圣归来》的口碑被引爆。没有广告，没有路演，却成为了当年的现象级影片，一票难求，最终票房将近10亿。在这个过程中，个别人物就起到了关键的作用。

最开始看到这部电影的是内行，因为他们总是能最先接触到内部信息。当内行觉得这部影片有价值时，就会向其他人推荐。在这些人中，就会出现一些联络员。他们具有广泛的社会关系，通过一层层的关系网，让影片被更多人知道。最后，那些真心喜欢这部影片的人，成为了自发的推销员，不遗余力地到处宣传，其中包括很多大V。众所周知，有些电影会找一大堆水军刷好评。《大圣归来》也有水军，但这些人自称"自来水"，他们是真心喜欢电影，自己花钱买电影票二刷三刷，通过消费和口碑推动了票房。最终，正是这些关键的个别人物，成就了这部影片。

"雕爷牛腩"的成功，也正是利用了社交达人的力量。开业之初，"雕爷牛腩"邀请了一批名人大V来试吃。从苍井空这样的网络红人，到李小璐这样的明星，都品尝过"雕爷牛腩"，并主动发微博宣传。在网红和名人的传播下，"雕爷牛腩"很快就火了。

所以，在一次引爆中，我们需要内行提供最初的信息，然后找到联络员把消息扩散出去，最后让推销员大力宣传，让人们接受。当一个小浪潮形成之后，它会向四周蔓延。更多人会不自觉地成为内行、联络员和推销员，最后在某个点形成突破，引爆潮流。

2. 附着力因素：满足人性中的需求

众所周知，德云社的小岳岳是网络红人，经常上微博热搜。有一次，一个名为"岳云鹏娱乐圈脸最大"的微博话题又成了大家关注的焦点。起因是他在微博里晒出一张照片，照片里有一台巨大的电视，整个屏幕上都是他的脸。吃瓜群众们看到这张大脸之后，纷纷开始吐槽，说小岳岳这张大脸简直是大饼脸中的极品。

接下来，不知是谁问了一句："这是什么电视？怎么能装下岳云鹏的大脸？"有人回答："这是创维的G9天幕电视，售价将近20万。"从这之后，舆论的风向开始转变，吃瓜群众又开始指责小岳岳炫富，各大媒体和公众号闻风而动，又来集体收割了一波。大家在批评小岳岳炫富行为的同时，创维的这台电视也不可避免地被数次提起，结结实实地赚了很多眼球，成了一台网红电视。在炫富事件之后，该电视的百度指数持续上升，销量也被拉动了不少。

实际上，这是创维联手岳云鹏进行的一次推广，完美地应用了附着力因素。附着力，指的就是产品最引起人们关注、最容易被记住的点，它应该具有强大的感染力。现在的人们每天看得最多的就是广告，称得上是见多识广、刀枪不入。如果只是单纯地描述产品的优点，很少有人愿意听。但是，如果有一个点能让人们迅速记住，并且把它和产品关联在一起，就会起到良好的效果。在创维的这次推广中，天幕电视的附着力就是"大"。小岳岳不辱使命地完成了任务，成功地让人们感受到了这台电视的大。从这以后，大家一想起创维天幕，就会想到小岳岳的那张占满屏幕的大脸，于是更加加深了印象——这电视真大。

要找到附着力因素，就要着眼于人性和基本需求。微信运动这个功能之所以能火，就是因为有了步数排行榜，激发了人们的这种攀比和晒健康的心理需求，也引发了一些社交话题。比如某天你刷了3万步，朋友见了面肯定会问你是去旅行了，还是去跑步了。

当然，咪蒙之所以这么火，也是因为她对人性和情绪的精准把控，每一篇文章都能直击人心，从而创造了一篇篇的点击神话。

所以，当你想要形成一次完美的传播，实现引爆，就要想办法让人们产生附着力。一旦人们被附着力感染了，就会像病毒一样向外传播。

3. 外部环境因素：发挥环境的威力

环境因素指的是人们在做出决定的时候，会受到周围的环境以及人格的影响。在社会学中有一种"破窗理论"，是说如果一座大楼的一扇玻璃被打破了，如果没有及时维修，就会有更多的玻璃被打破，因为人们都乐于模仿。破窗理论就是一种环境因素。只要生活在这个社会中，我们就都无法脱离环境单独存在，都会被环境左右。

就像我们一开始在导语里说的，网红店门口总有很多人在排队。路过的吃瓜群众看到这个景象，就会不自觉地也想去排队。同样的道理，如果一家店门可罗雀，那么就会一直被冷落下去。网红店的生意火爆本身就是一种宣传，会让大家产生这样的感觉：这家店的东西肯定不错，要不然怎么会有这么多人排队呢？既然是好东西，当然是人人都想尝试一下，所以很多路人毅然加入了队伍，从而成为了影响更多人的环境因素。尤其是当一个人来到陌生环境中时，会更倾向于选择有人排队的店。陈晓卿老师曾经教导我们，去外地旅游时如何找到好吃的馆子，其中第一条定律就是：哪家人多去哪家，准错不了。

如果你新开了一家店，就可以利用这个因素吸引客流。当然，这不是要你去雇水军排队，而是可以采取其他方式招揽顾客。比如在开业时做一些免费试吃和促销的活动，人们自会来排队。如果你的产品够好，即便后来不再搞活动，老顾客也仍然会来消费，而他们会带来更多新顾客。

我们还可以利用"环境"来做营销，从而提升销售。最典型的就是宜家，通过营造家的温馨，来促进购买。除此之外，还有一件事情让我一直印象深刻。两年前，我在上海待过一段时间，当时上海发生暴雨，很多地方积水成灾，在这种暴雨天气，心情自然会郁闷。然而，当我拿起手机准备打车的时候，发现打车程序优步把地图里的汽车图标全部换成了船，还分成了皮艇、草船、轮船等不同的级别。这个细节和优步的反应速度之快，不由让人心生好感，心情也好了很多。当时很多人截图发了朋友圈。通过借用"环境"因素，Uber 成功地做了一次营销。

最后，需要说明的是，要用上述几种因素来影响传播，制造引爆点，产品本身一定要好。以此作为基础，再加上有效的助推，就可能被引爆。所以，一个产品能够成为流行的前提必须是具有独特卖点的好产品，否则就像《我的滑板鞋》一样，即使误打误撞地流行了一阵子，也不会持久。

引爆点

　　我们的世界看上去很坚固，但只要你找到那个点，轻轻一触，这个世界就会为你而动。

　　1.找到关键人物——内行、联络员、推销员
　　2.精准把控人性和情绪
　　3.利用"环境"来做营销

终身成长，持续精进

　　自从改革开放以来，我们国家经历了40年的高速发展，如今，在互联网的推动下，又在发生翻天覆地的变化。未来十年，充满机遇，会造就新一批富豪；也充满危机，会淘汰那些跟不上时代的人。科技促进了社会发展，但也加速了社会分化，人与人之间的差距越来越大。前四十年的基调，是传统行业遭受冲击、衰落甚至消失，而在未来，要清理的就是思维僵化、陈旧的个体。大浪淘沙，成者为金。所以，要想跟上时代，抓住未来十年的机遇，就要及时更新自己的思维方式。

　　在我看来，在所有的思维方式中，最重要的思维就是成长思维。前不久，罗辑思维出的新书《终身学习》，也强调了这一点。只有具备成长思维，才能终身学习、持续精进。

最近，约哈里之窗理论这个概念比较火，被广泛应用于人际沟通、组织管理、心理分析等领域。其实，"约哈里之窗"也可以应用于个人成长。

约哈里之窗理论认为，就认知来看，每个人的信息可以分为四个区域。

第一个区域，是开放区。这一区域是你自己知道、别人也知道的信息。比如地球是圆的、一年有春夏秋冬四季等等。容易被人获取的信息，都属于这一区域。

第二个区域，是隐秘区。这一区域的信息，你自己知道，但别人不知道。独特的经历、你的隐私、你的心结，等等。

第三个区域，是盲目区。这一区域是你自己不知道，但别人却知道的信息。比如你的优点和缺点、你的思维定势等，别人看得比你更清楚。这些人，可以是普通人，也可以是专家或者高手。

第四个区域，是未知区。这一区域的信息，你自己和别人都不知道。比如你的潜能、太空世界、有待研究和开发的科学技术、从未有人做过的事情。

那么，在成长的道路上，我们要不断扩展知识边界，提升认知水平，尽可能缩小盲目区，多去探索未知区，如此，才能让自己不断成长、不断进化。

一直以来，我都认为，一个人真正的成长，就是不断自我进化。

人类之所以成为万物之灵长，成为这个星球的主宰，就是因为有着强大的学习和进化能力。也就是说，人类始终处于成长之中。鱼已经在地球上存在了上亿年，猫已经繁衍了几千万年，但是它们都没有更进一步，成为智慧生物。《物种起源》里说，物竞天择。所以，人类的成功，就在于进化。人和动物最大的不同，就是拥有自我进化的能力。

所有那些伟大的人物，都有极强的意愿和行动力来改造自己，让自己的身体更健康，学习得更快，眼界更开阔，阅历更丰富，能力更强大，思维方式更高级。

所以，我们应该通过学习来改造自己，成为生命的塑造者。很多人对自己的身材不满意，所以会经常健身，塑造健美的身材。同样的，思维也需要不断训练和提高，让学习成为本能，这样才能持续保持领先。

从我自己来说，我当年也可以选择拿着妥妥的高薪和期权，留在传统的出版行业里。这样，我也能做出一番成绩，然后试着说服自己：这样的生活很不错。但是我选择了改变，因为时代在进步，未来的趋势是更多地连接，更好地分享，是内容可以连接一切。我知道改变是困难的，这种困难同样也令我感到兴奋。当我走出舒适区，进入全新的领域，这种刺激、新奇与兴奋的感觉是无与伦比的。也许前路艰难，但成长的空间同样可期。

那么，什么是成长思维？

关于成长思维，美国心理学家卡罗尔·德韦克（Carol S.Dweck）的著作《终身成长》解释得很清楚。德韦克认为，有些人之所以能够不断获得成功，是因为他们具备成长型思维，一直在学习、在成长。当一个人学习的越多，掌握的知识就越多，思维方式也进化得更加高级。这就形成了一个良性循环：行动——学习——更好地行动。

在过去的几十年里，德韦克做了很多次心理实验。从实验中，她受到启发，提出了固定型思维和成长型思维的概念。拥有成长型思维的人认为，这个世界上充满了挑战，会让你从中学习，获得成长。那些遇到复杂、全新的问题就会变得兴奋的人也是如此。对于他们来说，简单的问题毫无挑战性，而复杂的问题才会带来新知识，可以从中得到成长。在成长的过程中，具有成长型思维的人往往会更容易克服困难，取得进步。

在我做出版的时候，有两个下属，都是刚毕业的学生。一个毕业于重点大学，性格沉稳谨慎，这对于从事出版来说是一种好的基础素养，处理事情能有条不紊，待人接物也能周全妥当。另外一个普通二本大学毕业，性格外向一些，很有激情，但总是毛毛躁躁，做事很粗心，三天两头犯错，这对于从事出版行业来说是一个特别严重的缺点。他的主管很是头疼，几次都想开了他。在征求我的意见的时候，我就说，培养一个人不容易，你先多把把关，确保他不犯大错，看看再说。

一年之后，那个粗心的下属已经成为了全公司业绩最好的产品经理。后来，他辞职去开了一家影视公司，做得风生水起。

所以说，起点低、缺点多，并非就意味着前途灰暗。决定一个人高度的，是成长速度和思维方式。如果一个人能够快速学习、不断战胜自己，他的未来一定是不可限量的。

在美国棒球界有一个传奇人物贝比·鲁斯（Babe Ruth），他曾经连续三次打破大联盟全垒打纪录，被称为"棒球之神"。年轻时代的比利·比恩（Billy Beane）也曾展现出惊人的天赋，人们说他会是下一个贝比·鲁斯。尽管他在高中时代就成了一个明星球员，但是他只能赢，不能输，一旦面对失败，他就无所适从了。

当他离开学校，来到职业球队中，这种情况变得越发严重。对于他的体育事业来说，这无疑是一种心理缺陷。但是比利从来没有想办法改进，因为他固执地认为自己拥有傲人的天赋，所以即便不努力，命运也应该眷顾他。

这样的思维方式严重困扰着他，让他无所适从。因此，他的运动员生涯非常不成功。但是，当他成为了一家球队的经理之后，这种情况却发生了改变。

这多亏了他的队友伦尼·戴克斯特拉（Lenny Dykstra）。伦尼的天赋很一般，但无论发生了什么情况，他都没有灰心丧气过，表现出了非凡的斗志。受到伦尼的启发，比利·比恩终于明白，与天赋和才华比起来，思维方式才更加重要。因此，他转而发掘自己的其他潜力，最终成为了全联盟最伟大的经理之一。他的经历还被拍成了电影《点球成金》。

比利·比恩早年间的思维方式，就是固定型思维。固定型思维是封闭的、保守的、不思进取的。具有这种思维的人，不喜欢改变，不愿意接受新事物，也不愿意面对失败和不足，更不愿意学习和改变，不相信人是可以通过努力不断精进的。

而伦尼·戴克斯特拉和开窍之后的比利·比恩拥有的是成长型思维。这种思维方式会让人敢于面对挑战，从而战胜困难。他们从不惧怕失败，能够很快地从痛苦中恢复过来，采取积极的行动来获得进步，直到成功为止。在成长型思维者看来，即便有超越常人的天赋，也要不断努力，才能持续地取得成功。

德韦克发现，思维方式的差异能够决定一个运动员是碌碌无为，还是成为冠军。那些固定型思维的人认为，运动天赋是先天的，后天的努力毫无用处。即便你十分努力，也无法战胜那些天赋异禀的人。然而，成长型思维的人则认为，更多、更努力、更科学的训练一定能够提高成绩。只要找到了和自己相适应的技巧并不断练习，总有一天会成功。两种思维方式造就了完全不同的心态。我们会发现，那些成长型思维的人通过强大的意志和乐于学习的精神实现了对自己的超越，最后成为了冠军。

篮球之神乔丹未必是最具有天赋的篮球运动员，但一定是体育史上最刻苦的运动员之一。他总是说："坚强的意志力和决心比某些身体优势更为强大。我一直这么说，我也一直深信不疑。"所以，公牛队助理教练约翰·巴赫认为他是"一个不断提升自我、超越自我的天才"。

所谓成长型思维，一句话概括就是：相信自己永远可以做得更好。

那么，怎样培养成长型思维？我们可以分四个步骤来进行。

一、接受自我。

每个人总会有一些认知偏差。有时候，你会因为过于自卑而错误地低估了自己；有时候，你又会因为过于骄傲而高估了自己。要想获得成长型思维，首先就要接受你本来的样子。我们每个人都或多或少的有一些固定式的思维模式，这没问题，要学着接受它。因为在成长的过程中，我们都会有一些思维定势。接受这个事实，才能更好地改变它。不要想着一下子就变成绝不犯错的完美的人，我们要做的是减少固定式思维出现的频率，把它带来的危害降至最低。

拥有固定思维的人，总是担心这个害怕那个，内心很脆弱。如果一个人能够面对和接受真正的自己，明确自己是谁、自己想要什么、应该怎么做，他就会非常坚定，对生活充满掌控感。

二、观察自我，突破自我。

自我进化，并不是一件轻松的事情，有着非常多的障碍，其中最大的障碍就是自我。自我会限制你的思维方式，导致你陷入思维定式、主观情绪，变得短视、情绪、冲动、保守、恐惧等等，影响你的人生高度。毕竟，人的本性是贪婪、懒惰、不愿意冒险、害怕犯错，思维方式会建立心理防御机制，让我们很难突破。然而，人只有跳出自我限制，站在一个更高的层面，审视自己的弱点，才能成为真正的高手。所以，我们要学会观察，观察自我。

当你知道自己的头脑中确实存在固定型思维之后，就要注意观察，看看是哪些因素造成了固定型思维，这种思维在哪些情况下会起作用。也许当你面对困难时，固定型思维会跳出来，对你说："不要这么为难了，你可以换点简单的事情做。"也许当你面对挑战时，固定型思维会阻止你说："这件事你从来都没做过，搞砸了怎么办？"

我的一个朋友是策划人。在内容为王的今天，策划出一档成功的节目并不容易，因此他总是感受到巨大的压力。每当这时，他的头脑中就会出现一个小人，不停地打击他。越是需要集中精力思考，小人儿就越出来捣乱。那个声音对他说："别再想了，你想到的主意早就有人想过了，你没法想出新东西的，还是算了吧。"当他静下心来，了解到是压力带来了固定式思维之后，他没有急着否定，而是继续观察它出现的时机和场景。当他找到了规律之后，在固定型思维出现的节点就选择休息一会儿，让头脑放松，等它消失了，再继续思考。

三、不要说"我不行"，要说"我尽力"。

在多年的职业生涯中，我有一个心得：越困难，就越有机会成长。

当年在磨铁的时候，沈浩波给了我一个担任出版中心总经理的机会，让我有机会打造一个财经出版品牌，也就是现在的"黑天鹅图书"。我当年才二十多岁，做出版时间也不长，就带着几个人，要在中信、机械工业出版社、湛庐文化等强力竞争对手的夹缝里野蛮生长出一个财经品牌，说实话，我心里也没底，也想过打退堂鼓。但是，既然有这样一个难得的机会，兴奋和期待大过于恐惧，我最终选择了接受。最终，我挺住了，也做到了。

世界上，很多事情都是如此。

很多人在面对机会的时候，总是会说"我不行"。其实，所有的拒绝只不过是因为害怕，对于未知的事情和超出自己掌控范围的事情，我们会本能地感到恐惧。然而，当你勇敢地去做的时候，你会发现，事情并没有你想象的那么难。即使做砸了，也没有关系，因为这将成为你一生最为宝贵的经验与财富。

既然横竖都不亏，那么为什么不试试呢？毕竟，这个世界没有什么事的成功率是 100%。就像跳舞一样。我不太会跳舞，据朋友说，我的舞姿像老年迪斯科。对于固定思维的人来说，他们会很难理解，为什么要当众展示自己的笨拙和丑陋。但是，跳舞本来就是为了让自己开心的，只要跳得快乐，何必在意他人怎么看呢？尽情享受这个过程才是最重要的。

四、开放自我，积极探索未知的区域。

现在是一个知识大爆炸的时代，没有人是无所不知的，谁都有看问题片面和有局限的时候。也就是说，人们总会有思维的盲点或者盲区。

那么，如何突破盲点和盲区，补全思维和认知的短板？

从心理层面来说，每个人都有"本我、自我、超我"三重人格。本我，是具有动物本能的我，容易满足现状；自我，是生活中理性的我，受现实世界的限制和要求；超我，是自我心目中那个最为理想的我。然而，许多人的"超我"是沉睡的。如果你要不断成长，就要激活沉睡的"超我"。那么，如何激活"超我"？最简单有效的方法就是多看书，多读经典好书。随着对自己了解的加深，未知区域也将被慢慢打开。

我很喜欢"个人发展学会"所秉承的五点价值观：向善、简单、生猛、疼痛与意义感。

为何说向善？因为当我们抱有最大的善意看待一切的时候，就会拥有这个世界尽可能多的善，用最大的恶意去揣测一切时就可能错过这世界尽可能多的善。没有一个人会永远刁难一个对自己没有恶意的人，当我们向善的时候，就有可能更好地做自己，精进自己。

为何说简单？简单有时候是直接，就如个人发展学会的专家合伙人竹笛老师所说，有话直说，是职场人一生的修行。工作中很多的人情世故，不是我们考虑得太少，而是我们考虑得太多。这样使得我们在解决问题本身时，反而考虑得少了。用简单的心态去更好的聚焦于如何解决事情本身时，很多我们以为的问题也就不是问题了。

为何说生猛？这个世界我们所有的一切都可以失去，唯一不可失去的就是对自己的信心。毛主席说过"自信人生两百年，会当击水三千里"，所以生猛地活着，可以让我们永远拥有捕获机会的能力。

为何说疼痛？成长本身是一个疼痛的过程。从我们出生的那一刻开始，不论是走路还是说话，都是不断地跌倒，不断地犯错，不断地在疼痛中进化。每一样能力的获得，都伴随着疼痛过后的喜悦。

为何说意义感？每一件事情都有它的意义所在，善于发掘意义感的人从来不会觉得自己干的事情有多枯燥和无聊。

用一句话来说就是：永远保有一颗向善的心，简单、生猛地在疼痛中成长，追寻生命的意义感。

最后，愿我们都能终身成长，持续精进，成为更好的自己。

成长型思维

  在所有的思维方式中，最重要的思维就是成长思维。所谓成长型思维，一句话概括就是：相信自己永远可以做得更好。

1. 接受自我
2. 观察自我，突破自我
3. 不要说"我不行"，要说"我尽力"
4. 开放自我，积极探索未知的区域